Enos Masheija Rwantale Kiremire

INTRODUÇÃO À TEORIA DOS ANÉIS DE AGLOMERADOS QUÍMICOS

Enos Masheija Rwantale Kiremire

INTRODUÇÃO À TEORIA DOS ANÉIS DE AGLOMERADOS QUÍMICOS

ScienciaScripts

Imprint
Any brand names and product names mentioned in this book are subject to trademark, brand or patent protection and are trademarks or registered trademarks of their respective holders. The use of brand names, product names, common names, trade names, product descriptions etc. even without a particular marking in this work is in no way to be construed to mean that such names may be regarded as unrestricted in respect of trademark and brand protection legislation and could thus be used by anyone.

Cover image: www.ingimage.com

This book is a translation from the original published under ISBN 978-620-4-73232-9.

Publisher:
Sciencia Scripts
is a trademark of
Dodo Books Indian Ocean Ltd. and OmniScriptum S.R.L publishing group

120 High Road, East Finchley, London, N2 9ED, United Kingdom
Str. Armeneasca 28/1, office 1, Chisinau MD-2012, Republic of Moldova, Europe
Managing Directors: Ieva Konstantinova, Victoria Ursu
info@omniscriptum.com

Printed at: see last page
ISBN: 978-620-8-62927-4

Conteúdo

EQUAÇÕES DE FUNDO

O estudo de uma gama muito vasta de grupos químicos resultou na descoberta de fórmulas naturais simples para análise qualitativa e quantitativa e categorização de fórmulas químicas de grupos. Verificou-se que as equações para os grupos de elementos do grupo principal estão relacionadas com as equações derivadas para os grupos de elementos de metais de transição correspondentes. A descoberta histórica e o desenvolvimento das equações podem ser encontrados na literatura de referências dos artigos e livros do autor aqui anexados no final deste livro. Estas equações são apresentadas de seguida:

ELEMENTOS DO GRUPO PRINCIPAL

1. S=4n+q (S=série de agrupamentos, n=número de elementos esqueléticos numa fórmula de agrupamento e q=uma variável numérica de agrupamento)
2. K=2n- / q (K=número de cluster que representa o número total de ligações esqueléticas ou ligações que unem n elementos esqueléticos)
3. K=n+t(t=representa o número adicional de ligações necessárias para que todos os elementos do esqueleto obedeçam à regra dos 8 ou 18 electrões, consoante se trate de elementos do grupo principal ou de metais de transição, respetivamente.
4. $K^*=C^y+\ ^{D(z)}$ (este é um parâmetro de categorização de dupla cobertura em que y representa normalmente os elementos esqueléticos da casca exterior e z representa os elementos esqueléticos da casca interior no núcleo e (y+z=n).
5. VE=4n+q(VE=electrões de valência de um cluster)
6. VE=8n-2K
7. VE=2y+4z+2

AGLOMERADOS DE METAIS DE TRANSIÇÃO

1. S=4n+q
2. K=2n- / q
3. K=n+t
4. $K^*=C^y+\ _{Dz}$ (y+z=n)
5. VE=14n+q
6. VE=8n-2K
7. VE=12y+14z+2

AGLOMERADOS MISTOS

1. S=4n+q
2. K=2n- $^1/_2$q
3. K=n+t
4. $K^*=C^y+\ ^{D(z)}$ (y+z=n)
5. VE=4n+q +1om (m=número de elementos metálicos presentes)
6. VE=8n-2K +10m
7. VE=2y+4z+2+10m

NÚMEROS DO ESQUELETO

O número de cluster, K, com o seu parâmetro n correspondente são combinados para formar um parâmetro K(n). Este parâmetro é extremamente importante na análise e categorização das fórmulas de agrupamento. Inicialmente, K foi calculado utilizando a abordagem da série 4N. No entanto, a boa notícia veio quando se descobriu o número esquelético dos elementos químicos dos metais de transição e dos elementos do grupo principal. Isto tornou a análise e a categorização das fórmulas de grupos químicos muito mais fácil e rápida. Os elementos esqueléticos são apresentados na Tabela 1.

Tabela 1. Números de esqueletos e seus correspondentes valências

					K	V=2K
		Lu	Ya	Esc	7.5	15
		Hf	Zr	Ti	7	14
		Ta	Nb	V	6.5	13
		W	Mo	Cr	6	12
		Re	Tc	Mn	5.5	11
		Os	Ru	Fe	5	10
		Ir	Rh	Co	4.5	9
		Pt	Pd	Ni	4	8
		Au	Ag	Cu	3.5	7
		Hg	Cd	Zn	3	6
Cs	Rb	K	Na	Li	3.5	7
Ba	Sr	Ca	Mg	Ser	3	6
Tl	Em	Ga	Al	B	2.5	5
Pb	Sn	Ge	Si	C	2	4
Bi	Sb	Como	P	N	1.5	3
Po	Te	Se	S	O	1	2
	I	Br	Cl	F	0.5	1
	Xe	Kr	Ar	Ne	0	0

OS NÚMEROS ESQUELÉTICOS DOS LIGANDOS

Os ligandos são considerados dadores de electrões. Para cada Um único eletrão doado k=-0,5. Assim, para n electrões doados **k=-05n.** Se=2, k=-l; n=3, k=-1,5;

n=4, k=-2; n=5, k=-2,5; n=6, k=-3 e assim por diante.

Exemplos, H, k=-0,5; CO, k=-l, PPh_3, k=-l, C_2H_4, etc

CAPÍTULO 1

APLICAÇÕES DOS NÚMEROS ESQUELÉTICOS(k) E O SIGNIFICADO DO NÚMERO DE CLUSTER (K)

A análise de milhares de fórmulas químicas de aglomerados resultou na descoberta de um princípio muito importante que relaciona o número de aglomerado K e os seus elementos esqueléticos n e é dado por K=n+t, em que n representa o número de ligações que ligam n elementos esqueléticos e t representa as ligações adicionais para garantir que todos os elementos estão bem ligados e também obedecem à regra dos 8 ou 18 electrões. Descobriu-se também que a conetividade das ligações aos elementos esqueléticos para corresponder às formas dos aglomerados revelou que os aglomerados químicos podem ser amplamente divididos em duas CATEGORIAS, nomeadamente as que retratam SIMETRIAS POLI-HEDRAIS e as que não retratam (SIMETRIAS NÃO POLI-HEDRAIS).

APLICAÇÕES DOS NÚMEROS ESQUELÉTICOS

Ex-1: $F=Os_4(CO)_{15}$

K=4[5]+15[-1]=5, n=4

K(n)=5(4)

K=n+t

=4+1

=4+4-3

K=2n-3

S=4n+6

VE=14n+6=14[4]+6=62

VF=4[8]+15[2]=62

VE=18n-2K=18[4]-2[5]=62

$K^{*}=C^{-2}+D^{6}$

y=-2, z=6

VE=12y+14z+2=12[-2] +14[6] +2=62

Os: k=5, V=2k=10

O parâmetro K(n)=5(4) significa que os 4 elementos esqueléticos do ósmio estão ligados por 5 ligações esqueléticas. Além disso, 4 das ligações ligam os elementos individualmente de forma cíclica. A quinta ligação ligará dois elementos esqueléticos preferencialmente de forma triangular.

Neste caso, serão criados dois triângulos e, ao fazê-lo, será formada uma diagonal na geometria do quadrado. Esta situação é ilustrada na Figura 1.

Ao mesmo tempo, significa que os 4 elementos esqueléticos necessitam de 5 pares de electrões para que cada elemento esquelético cumpra ou obedeça à regra dos 18 electrões, uma vez que os elementos são metais de transição. Um ligando carbonilo é classificado como um dador de 2 electrões. Portanto, podemos considerá-lo como equivalente a um par de electrões. Isto significa que se adicionarmos 5 ligandos CO à fórmula do cluster, podemos decompô-lo em 4 fragmentos monoesqueléticos que obedecem à regra dos 18 electrões. Assim, K=5, significa também que o aglomerado tem um défice de 5 pares de electrões para que cada um dos elementos esqueléticos obedeça à regra dos 18 electrões.

$Os_4(CO)_{15}+5CO=4Os\,(CO)_5$

VALÊNCIA ESQUELÉTICA DE UM ELEMENTO ESQUELÉTICO

O estudo de uma vasta gama de aglomerados químicos revelou que a valência esquelética de um elemento esquelético é dada por V=2k onde V= uma valência esquelética, k= o número esquelético do elemento. Tomando o aglomerado $Os_4(CO)_{15}$ como exemplo, o elemento esquelético ósmio, o seu número esquelético k=5 e, por conseguinte, a sua valência esquelética V=2k=10. Uma vez que o parâmetro K(n) do aglomerado =5(4), em que K=n+t=4+1, isto significa que a forma esquelética do aglomerado será um quadrado com uma única diagonal, como mostra a Figura 1.

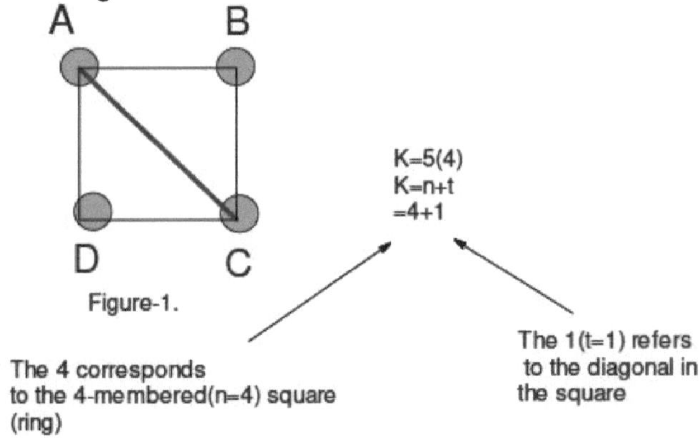

Figure-1.

O 4 corresponde ao quadrado (anel) de 4 membros (n=4)

O 1(t=1) refere-se à diagonal do quadrado

Os elementos esqueléticos, neste caso os 4 elementos do agrupamento Os, actuarão como pontos nodais do agrupamento. No ponto nodal A, há 3 ligações, como mostra a Figura 1. Estas representarão três das ligações de valência. Isto significa que, para que o ponto nodal A satisfaça o requisito da sua valência V=10, precisará de mais 7 ligações. Como sabemos, um carbonilo

o ligando (:CO) é um dador de 2 electrões, um único carbonilo representa 2 ligações. Por conseguinte, o ponto nodal A necessitará de 3,5 ligandos CO. Por outro lado, o ponto nodal B já tem 2 ligações, pelo que necessitará de mais 8 ligações para satisfazer a valência esquelética de V=10. Evidentemente, as 8 ligações corresponderão a 4 ligandos CO. O ponto nodal C será semelhante ao ponto A e o ponto nodal D semelhante ao B. Este cenário resultará na estrutura isomérica de $Os_4(CO)_{15}$ apresentada na Figura 1. Todas as estruturas isoméricas de clusters apresentadas neste livro foram construídas de acordo com a valência esquelética dos pontos nodais. Estas estruturas isoméricas são coerentes com as fórmulas dos clusters correspondentes. Esta observação é muito importante na medida em que mostra que as fórmulas de clusters e as suas estruturas isoméricas concomitantes não são formadas ao acaso, mas são geradas de acordo com leis matemáticas rigorosas de clusters químicos.

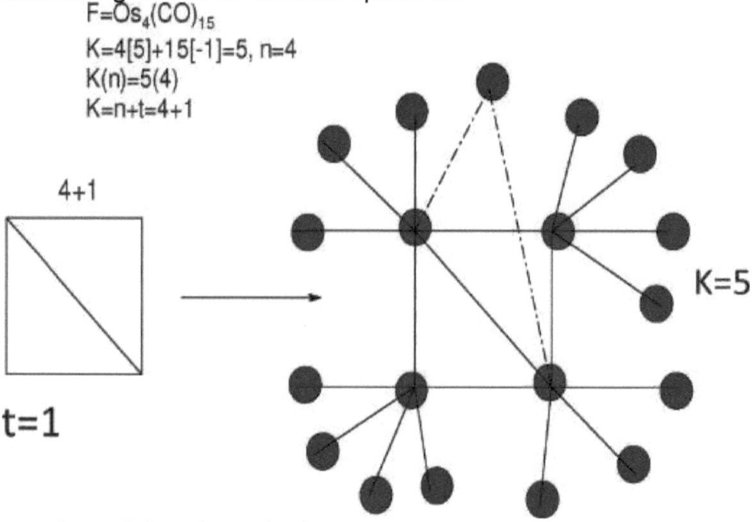

estrutura isomérica de $Os_4(CO)_{15}$

Ex-2: $F=Fe_4(C)(CO)_{(12)}^{2-}$

Neste aglomerado, considera-se que o carbono intersticial (C) se comporta como um ligando dador de 4 electrões.

K=4[5] +1[-2] +12[-1] +2[-0.5] =5, n=4

K(n)=5(4)

K=n+t=4+1

=4+4-3

K=2n-3

S=4n+6

VE=14n+6=14[4]+6=62

VF=4[8]+4+12[2]+2=62

VE=18n-2K=18[4]-2[5]=62

$K^*=C^{-2}+D^{6}$

y=-2, z=6

VE=12y+14z+2=12[-2] +14[6] +2=62

O elemento esquelético, Fe, tem um número esquelético k=5 e, por conseguinte, a valência esquelética V=2k=10. Os elementos Fe, Ru e Os, que estão no mesmo grupo, têm um valor k idêntico de 5 e uma valência esquelética de 10.

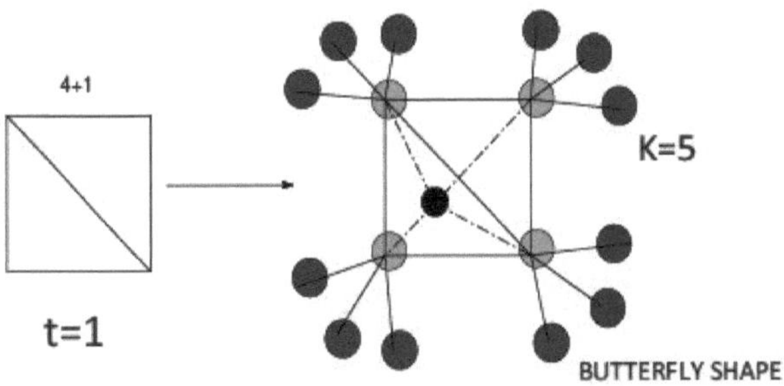

ISOMERIC STRUCTURE OF $Fe_4(C)(CO)_{12}2$

Figura-3

$Fe_4(C)(CO)_{12}^{2-}$+ 5CO=4Fe(CO)5
LHS=2CO+12CO+1CO+5CO=20CO
1[C]=2CO, [2-] =1 CO
RHS=4[5CO] =20CO
Ex-3: F=B_4H_{10}
K=4[2,5] +10[-0,5] =5, n=4
K(n)=5(4)
K=n+t
=4+1
=4+4-3
K=2n-3
S=4n+6
VE=8n-2K=8[4]-2[5] =22
VE=4n+6=4[4] +6=22
VF=4[3] +10=22
VE=8n-2K=8[4]-2[5]=22
K*=C^{-2}+D^6
y=-2, z=6
VE=2y+4z+2=2[-2]+4[6]+2=22
B: K=2,5, V=5

O parâmetro K(n)=5(4) também significa que os 4 elementos esqueléticos do boro estão fortemente ligados por 5 ligações esqueléticas, 4 das quais ligam os 4 elementos esqueléticos de forma cíclica. Uma vez que sabemos agora que o parâmetro K(n) tem um duplo significado, também significa que o aglomerado de borano tem falta de 5 pares de electrões para cada elemento esquelético de boro para obter uma configuração de octeto. Assim,

B4H10+5(2H) =4BH5
LHS=10H+10H=20H
RHS=4[5H] =20H

Os (2H) representam um par de electrões. O aglomerado hipotético BH5 existe como o aglomerado bem conhecido $BH4^{-1}$, uma vez que [-1] =[1H]

de acordo com o princípio da série 4N. O elemento esquelético boro tem um valor k de 2,5 e, por conseguinte, a sua valência esquelética =2k=5. O grupo B4H10 tem um parâmetro K(n)=5(4), tal como o Os4(CO)15. Uma vez que o ponto nodal A já tem 3 ligações, precisará de 2 ligações adicionais dos ligandos. Sabemos que um ligando de hidrogénio (·H) é um dador de 1 eletrão. Isto significa que representa o equivalente a uma ligação. Assim, o ponto nodal A receberá 2 ligandos de hidrogénio. Da mesma forma, o ponto nodal B receberá 3 ligandos de hidrogénio, C receberá 2 e D terá 3 como B. A distribuição dos ligandos em B4H10 será a mostrada na Figura 4.

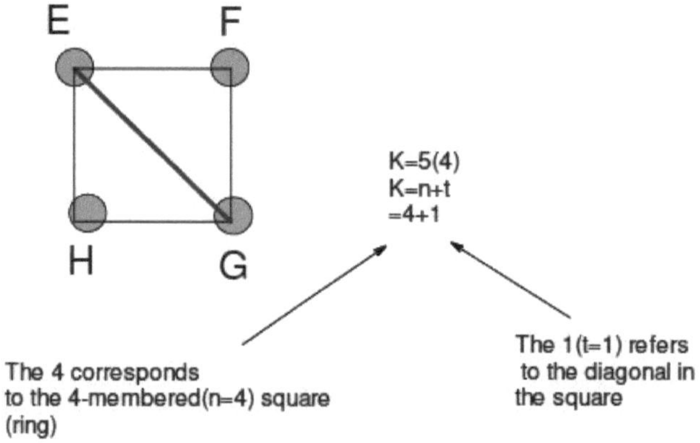

O 4 corresponde ao quadrado (anel) de 4 membros (n=4)
O 1(t=1) refere-se à diagonal do quadrado
Figura-4

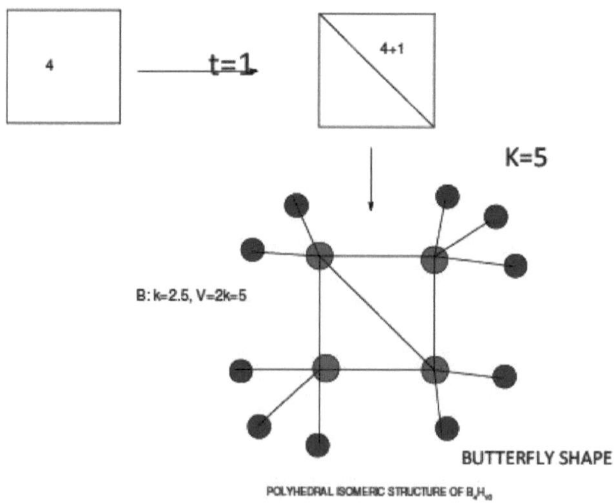

Figura-5

Ex-4: $F=Rh_4(CO)_5(PPh_2)_5^{-1}$
K=4[4.5] +5[-1] +5[-1.5] +1[-0.5] =5, n=4
K(n)=5(4)
K=n+t
=4+1
=4+4-3
K=2n-3
S=4n+6
VE=14n-6=14[4] +6 =62
VF=4[9] +5[2] +5[3] +1 =62
VE=18n-2K=18[4]-2[5] =62
$K^*=C^{-2}+D^{6}$
y=-2, z=6
VE=12y+14z+2=12[-2] +14[6] +2 =62
O PPh_2 É CONSIDERADO UM DOADOR DE 3 ELÉCTRODOS.
$Rh_4(CO)_5(PPh_2)_5^{-1}$+4H+3CO=4RhH(CO)4
4H+3CO=5CO
LHS=5CO+5PPh2+[-
1]+4H+3CO=5CO+5PPh_2+5H+3CO=5CO+7CO+1H+5H+3CO=5CO+7C
O+3CO+3CO=18CO
Assim, LHS=18CO
RHS=4H+16CO=2CO+16CO=18CO
LHS= lado esquerdo, RHS= lado direito.

$F=Rh_4(CO)_5(PPh_2)_5\text{-}1$
K(n)=5(4)
K=n+t
=4+1

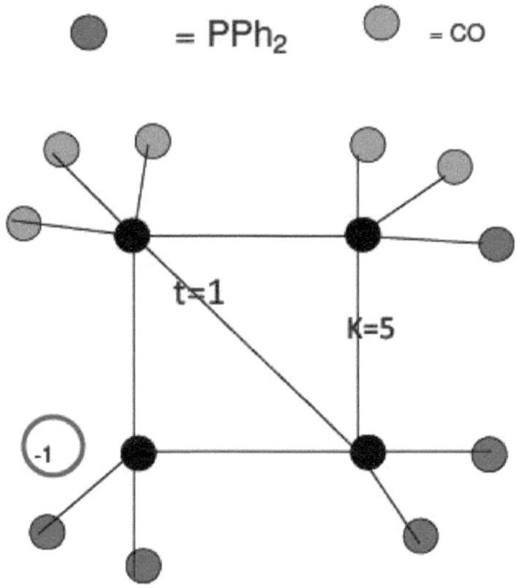

POLIHEDRAL
SIMETRIA DE BORBOLETA
Figura-6

Ex-5: $F=Os_4(CO)_{14}$
K=4[5]+14[-1]=6, n=4
K(n)=6(4)
K=n+t
=4+2
=4+4-2
K=2n-2
S=4n+4
VE=14n+4=14[4]+4=60
VF=4[8]+14[2]=60
VE=18n-2K=18[4]-2[6]=60
$K^*=C^{-1}+D^5$
y=-1, z=5
VE=12y+14z+2=12[-1]+14[5]+2=60

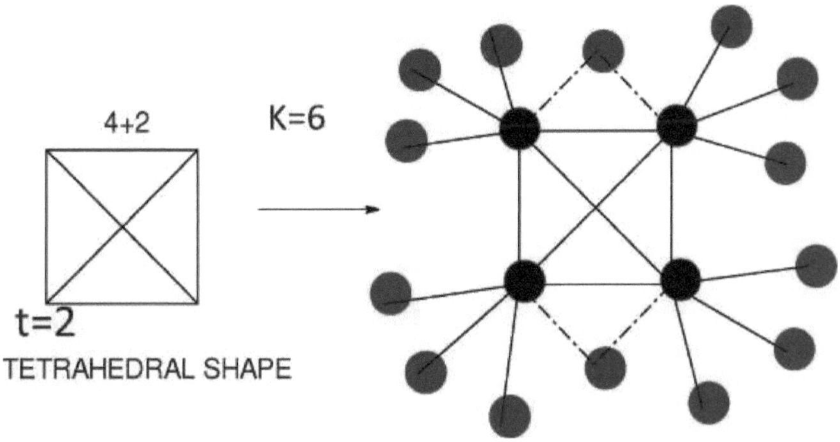

estrutura isomérica de $os_4(co)_{14}$

Figura-7

O parâmetro K(n) de 6(4) significa que os 4 elementos do esqueleto estão ligados por 6 ligações químicas. Uma vez que o aglomerado prefere assumir uma forma poliédrica, assumirá uma simetria tetraédrica (T_d). Este esquema é apresentado na Figura 7.

O número de cluster 6 também significa que o cluster tem menos 6 pares de electrões, de modo a que cada elemento esquelético obedeça à regra dos 18 electrões.

$Os_4(CO)_{14}+6CO=4Os\,(CO)_5$

O aglomerado monoesquelético de $Os\,(CO)_5$ obedece à regra dos 18 electrões.

Ex-6: $F=Ir_4(CO)_{12}$

K=4[4.5] +12[-1] =6, n=4

K(n)=6(4)

K=n+t

=4+2

=4+4-2

K=2n-2

S=4n+4

VE=14n+4=14[4] +4=60

VF=4[9] +12[2] =60

VE=18n-2K=18[4]-2[6] =60

$K^*=C^{-1}+D^5$

y=-1, z=5

VE=12y+14z+2=12[-1] +14[5] +2=60

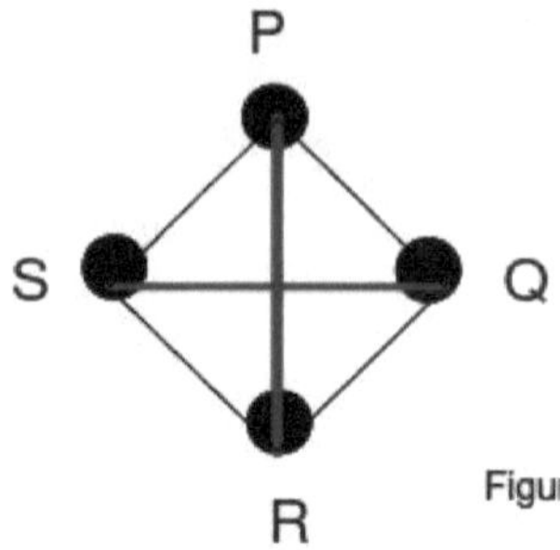

Figure-8

A forma esquelética acima tem 3 ligações em cada nó esquelético. Os nós esqueléticos, neste caso, são quatro elementos de irídio. Uma vez que o irídio tem um número esquelético k=4,5, a sua valência esquelética V=2k=9. Isto significa que cada nó esquelético precisará de mais 6 ligações esqueléticas. Sabemos também que um ligando carbonilo CO representa 2 ligações esqueléticas. Assim, cada nó esquelético necessita de 3 ligandos carbonilo, o que nos dá a forma isomérica apresentada na Figura 8. Isto demonstra mais uma vez o facto de os aglomerados químicos se formarem de acordo com leis químicas matemáticas.

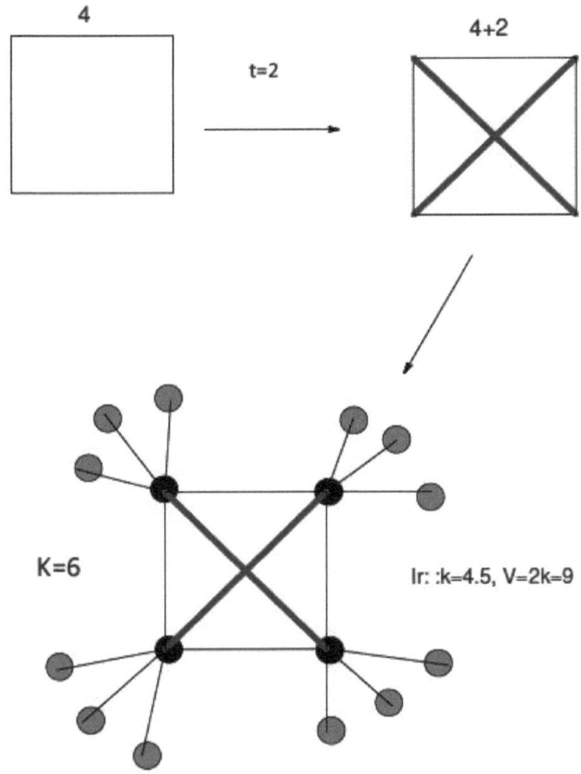

ESTRUTURA ISOMÉRICA DO $IR_4(CO)_{12}$
FORMA POLIÉDRICA
SIMETRIA TETRAÉDRICA

Figura-9

Ex-7: $F=C_4H_4$
K=4[2]+4[-0,5]=6,n=4
K(n)=6(4)
K=n+t
=4+2(t=2)
=4+4-2
K=2n-2
S=4n+4
VE=4n+4=4[4] +4=20
VF=4[4] +4=20
VE=8n-2K=8[4]-2[6] =20
$K^*=C^{-1}+D^5$
y=-1, z=5
VE=2y+4z+2=2[-1] +4[5] +2=20

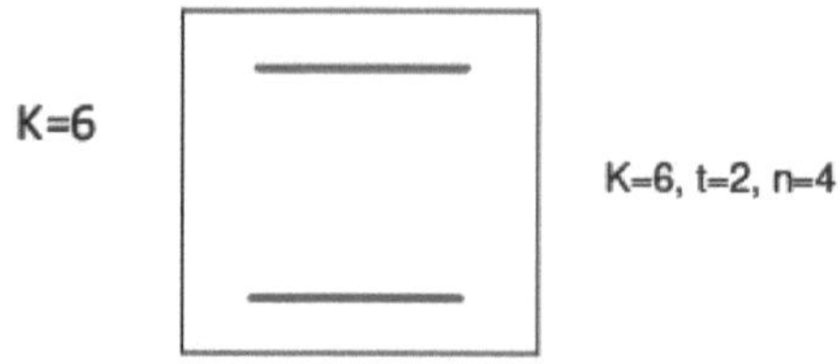

Figure-10

Figura-10

FORMA NÃO POLIÉDRICA

O aglomerado C_4H_4 está ligado por 6 ligações esqueléticas. Isto representa uma falta de 6 pares de electrões para que cada elemento esquelético obedeça à regra dos 8 electrões.

C4H4+6[2H) =4CH4 LHS=4H+12H=16H RHS=4[4H] =16H

Ex-8: F=B_5H_{11}

K=5[2,5] +11[-O,5] =7, n=5

K(n)=7(5)

K=n+t

=5+2

=5+5-3

K=2n-3

S=4n+6

VE=4n+6=4[5] +6=26

VF=5[3] +11=26

VE=8n-2K=8[5]-2[7] =26

$K^*=C^{-2}+D^7$

y=-2, z=7

VE=2y+4z+2=2[-2] +4[7] +2=26

K=7 significa falta de 7 pares de electrões.

B_5H_{11}+7[2H]=5BH_5

LHS=11H+14H=25H

RHS=5[5]=25H

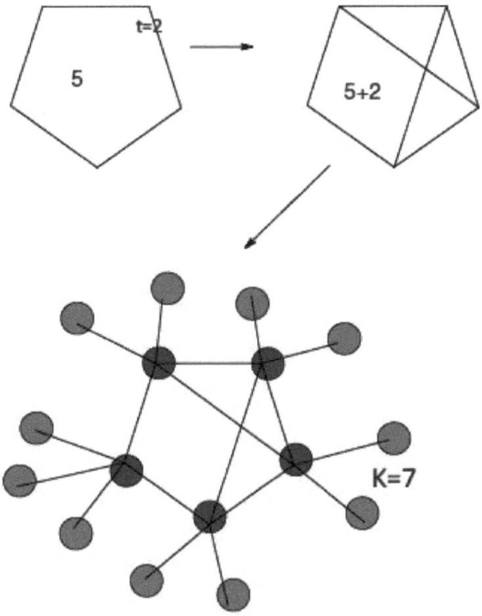

ESTRUTURA ISOMÉRICA POLIÉDRICA DO B_5H_{11}
Figura - 11
B: k=2,5, V=2k=5

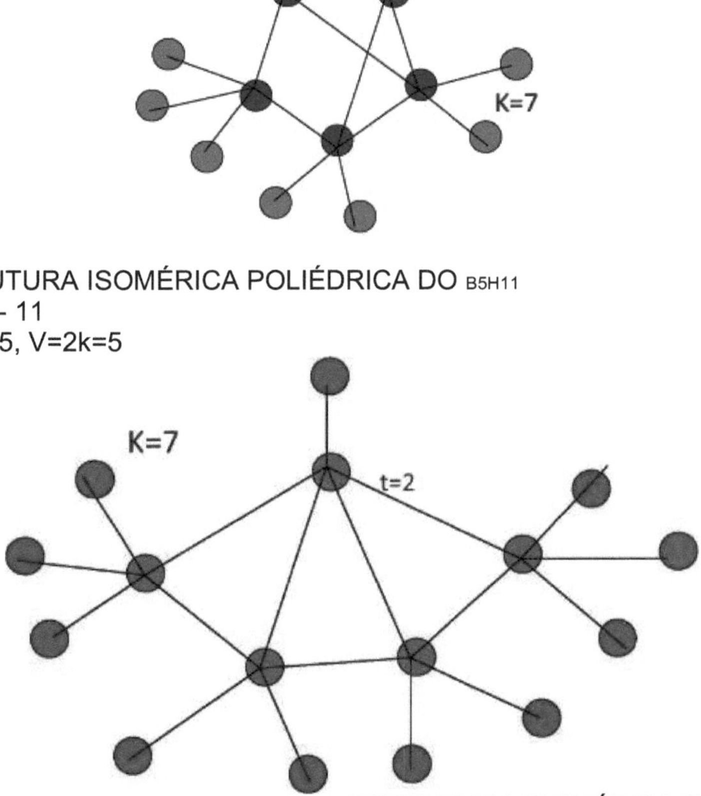

ESTRUTURA ISOMÉRICA DO B_5H_{11}
POLIHEDRAL
Figura - 12
Ex-9: $F=C_5H_6$
K=5[2] +6[-0,5] =10-3=7 n=5
K(n)=7(5)

K=n+t

=5+2

=5+5-3

K=2n-3

S=4n+6

VE=4n+6=4[5] +6=26

VF=5[4] +6=26

VE=8n-2K=8[5]-2[7] =26

$K^*=C^{-2}+D^7$

y=-2, z=7

VE=2y+4z+2=2[-2] +4[7] +2=26

K=7 = FALTA DE 7 PARES DE ELECTRÕES

$C5H6+7[2H] =5CH4$

LHS=6H+14H=20H

RHS=5[4H] =20H

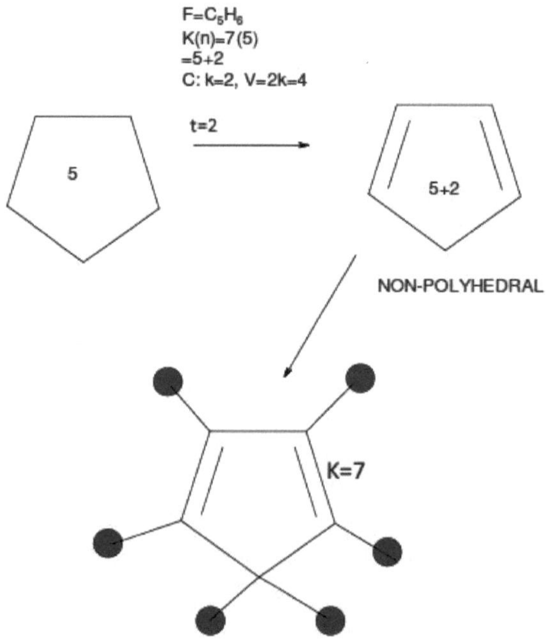

ESTRUTURA ISOMÉRICA DO C_5H_6

Figura - 13

Ex-10: $F=C_6H_6$

K=6[2] +6[-0,5] =9, n=6

K(n)=9(6)

K=n+t

=6+3

=6+6-3
K=2n-3
S=4n+6
VE=4n+6=4[6] +6 =30
VF=6[4] +6=30
VE=8n-2K=8[6]-2[9] =30
$K^*=C^{-2}+D^8$
y=-2, z=8
VE=2y+4z+2=2[-2] +4[8] +2 =30
K=9= ESCASSEZ DE 9 PARES DE ELECTRÕES.
C6H6+9[2H] =6CH4
LHS=6H+18H=24H
RHS=6[4H] =24H

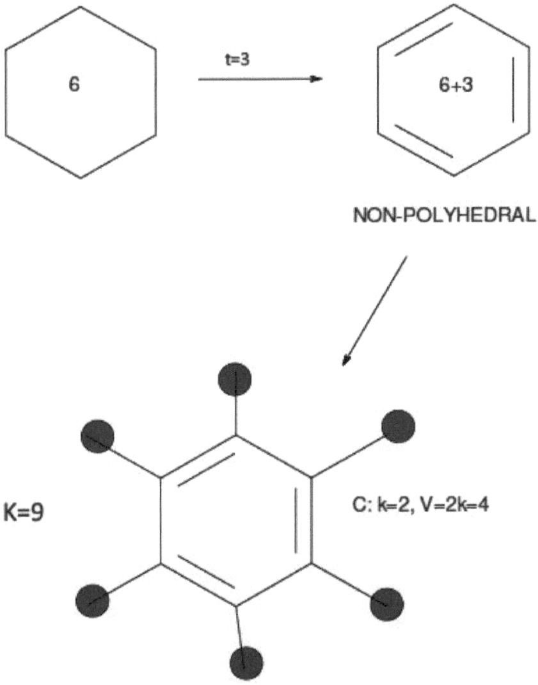

ESTRUTURA ISOMÉRICA DO C_6H_6

Figura - 14

Ex-11: $F=B_6H_{12}$
K=6[2,5] +12[-0,5] =9, n=6
K(n)=9(6)
K=n+t
=6+3

=6+6-3
K=2n-3
S=4n+6
VE=4n+6=4[6] +6 =30
VF=6[3] +12=18+12=30
VE=8n-2K=8[6]-2[9] =30
$K^{*}=C^{-2}+D^{8}$
y=-2, z=8
VE=2y+4z+2=2[-2] +4[8] +2=30
B: k=2,5, V=2k=5

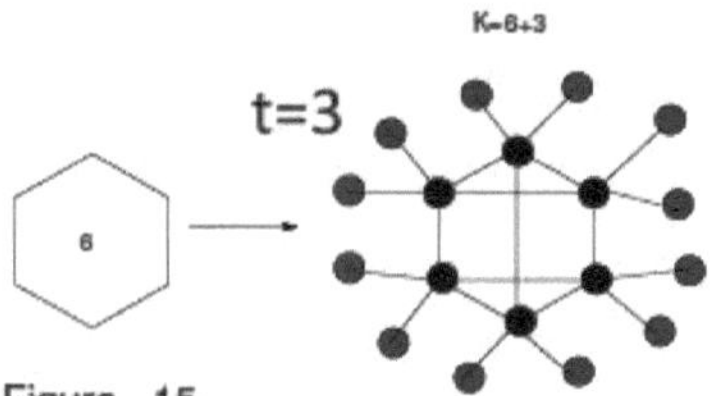

Figure - 15

K=9=FALTA DE 9 PARES DE ELECTRÕES
B6Hı2+9[2H] =6BH5
LHS=12H+18H=3OH
RHS=6[5H] =3OH

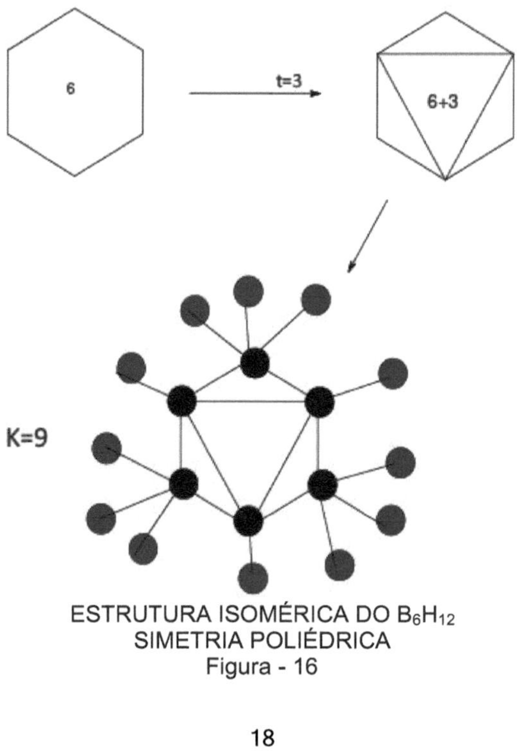

ESTRUTURA ISOMÉRICA DO B_6H_{12}
SIMETRIA POLIÉDRICA
Figura - 16

t=3

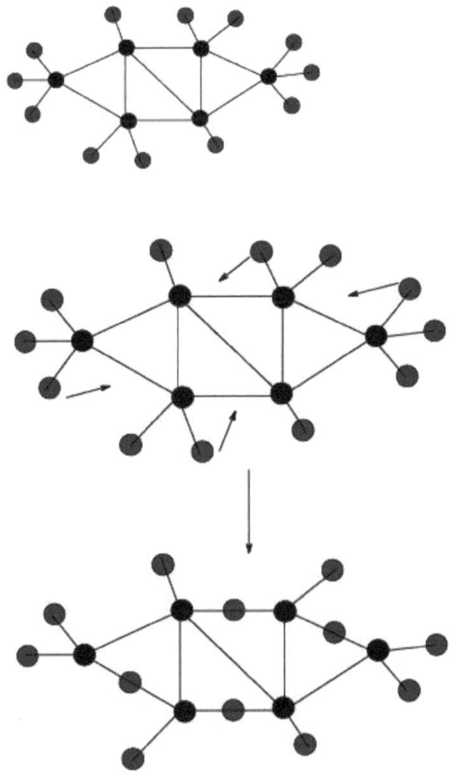

K=9

Figura - 17

Esta estrutura está de acordo com a encontrada na literatura.
Greenwood, N. N. e Earnshaw, A. (1998).
Química dos Elementos, 2nd Ed.

Ex-12: F=B5H9

K=5[2,5] +9[-0,5] =8, n=5

K(n)=8(5)

K=n+t

=5+3

=5+5-2

K=2n-2

S=4n+4

VE=4n+4=4[5] +4=24

VF=5[3] +9=24

VE=8n-2K=8[5]-2[8] =24

$K^{*}=C^{-1}+D^{6}$

y=-1, z=6

VE=2y+4z+2=2[-1] +4[6] +2=24

K=8=FALTA DE 8 PARES DE ELECTRÕES

B5H9 +8[2H] =5BH5
LHS=9H+16H=25H
RHS=5[5H] =25H

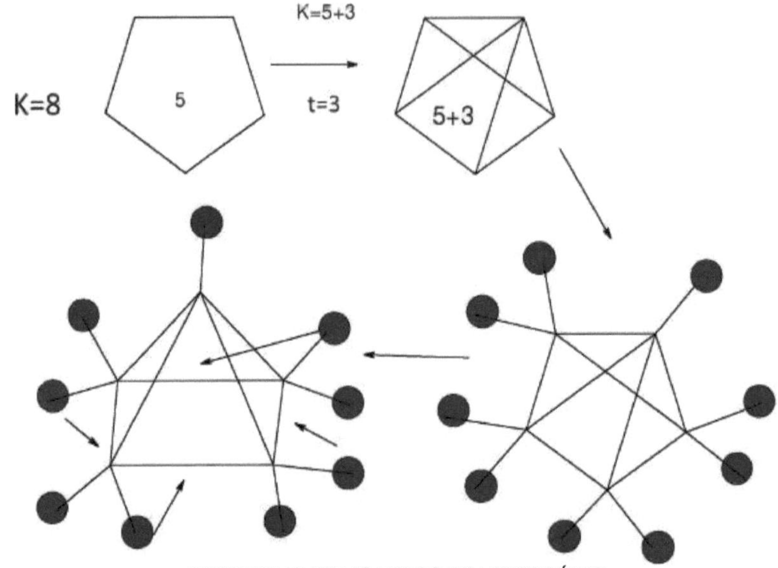

REARRANJO DE LIGANDOS DE HIDROGÉNIO

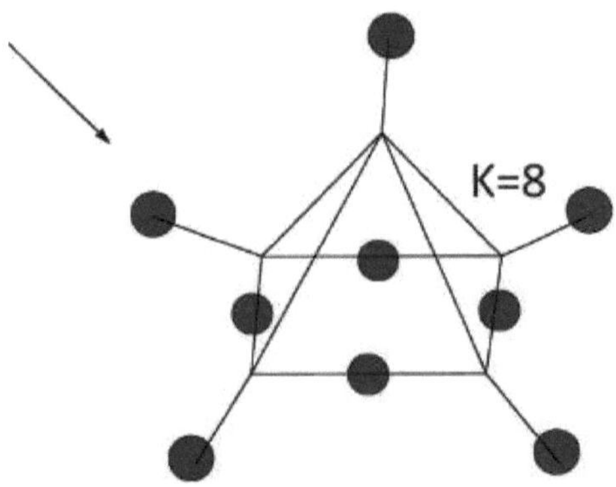

SIMETRIA PIRAMIDAL QUADRADA DE B_5H_9

FORMA POLIÉDRICA

Figura - 18

Ex-13: F=Re5$(C)(CO)_{16}H^{2-}$

K=5[5.5] +1[-2] +16[-1] +1[-0.5] +2[-0.5]=8,n=5

K(n)=8(5)

K=n+t

=5+3

=5+5-2

K=2n-2

S=4n+4

VE=14n+4=14[5] +4=74

VF=5[7] ++4+32+3=74

VE=18n-2K=18[5]-2[8] =74

$K^*=C^{-1}+D^{6}$

y=-1, z=6

VE=12y+14z+2=12[-1] +14[6] +2=74

K=8=FALTA DE 8 PARES DE ELECTRÕES.

$Re_5(C)(CO)_{16}H^{2-}$+8CO=5Re (COb

LHS=C+16CO+1.5CO=2CO+16CO+1.5CO+8CO=27.5CO

RHS=5[5,5CO] =27,5CO

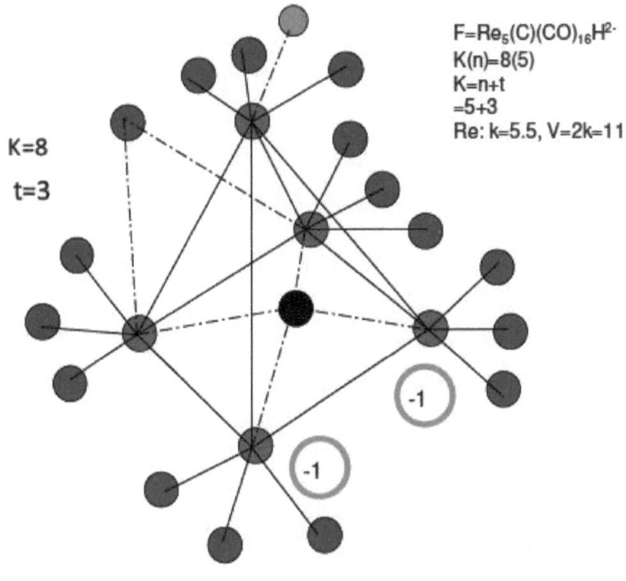

estrutura poliédrica de $re_5(c)(co)_{16}h^{2-}$

Figura - 19

Ex-14: $F=B_5H_5^{2-}$

K=5[2,5] +5[-0,5] +2[-0,5] =9, n=5

K(n)=9(5)

K=n+t

=5+4

=5+5-1

K=2n-1

S=4n+2

VE=4n+2=4[5] +2 =22

VF=5[3] +5 +2=22 VE=8n-2K=8[5]-2[9] =22 $K^*=C^{0}+D^{5}$

y=0,z=5

VE=2y+4z+2=2[0] +4[5] +2=22

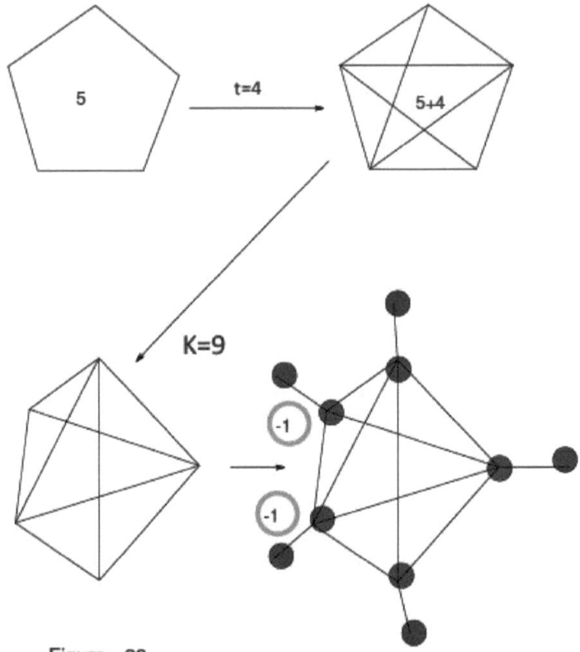

Figure - 20

BIPIRÂMIDE TRIGONAL FORMA POLIEDRAL

Figura - 20

K=9 =FALTA DE 9 PARES DE ELECTRÕES

$B_5H_5^{2-}$+ 9[2H] =5BH5

LHS=5H+2[-1] +18H=5H+2H+18H=25H

RHS=5[5H] =25H

Ex-15: F=Bi_5^{3+}

K=5[1,5] +3 [0,5] =9, n=5

K(n)=9(5)

K=n+t

=5+4

=5+5-1

K=2n-1

S=4n+2

VE=4n+2=4[5] +2=22

VF=5[5]-3=22

VE=8n-2K=8[5]-2[9] =22

$K^{*}=C^{0}+D^{5}$

y=0, z=5

y=2y+4z+2=2[0] +4[5] +2=22

K=9=FALTA DE 9 PARES DE ELECTRÕES

$B5^{3+}$ +9[2H] =5BiH3

LHS=18H-3H=15H

RHS=5[3H] =15H

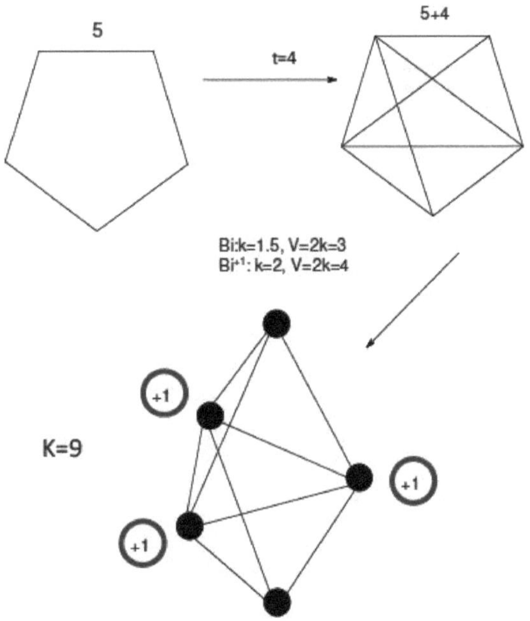

SIMETRIA POLIÉDRICA

Figura - 21

Ex-16: $F=Pb_5^{2-}$

K=5[2] +2[-0,5] =9, n=5

K(n)=9(5)

K=n+t

=5+4

=5+5-1

K=2n-1

S=4n+2

VE=4n+2=4[5] +2=22

VF=5[4] +2=22

VE=8n-2K=8[5]-2[9]=22

$K^{*}=C^{0}+D^{5}$

y=0, z=5

VE=2y+4z+2=2[0]+4[5]+2=22

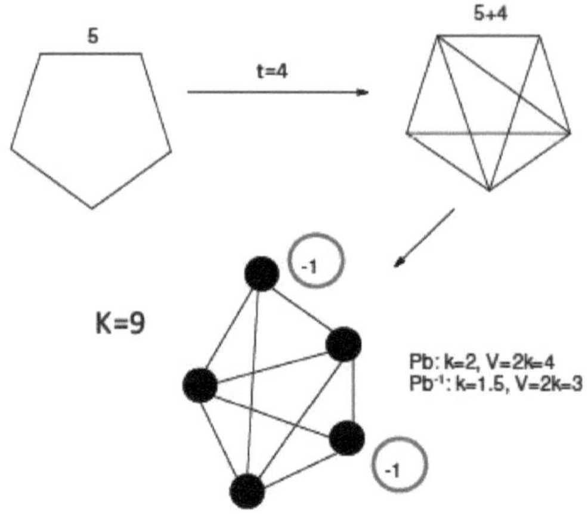

Figure - 22

Pb_5^{2-}+9[2H] =5PbH4

2[-1] =2H

LHS=2H+18H=20H

RHS=5[4H] =20H

Ex-17: F=$B_6H_6^{2-}$

K=6[2,5] +6[-0,5] +2[-0,5] =11, n=6

K(n)=11(6)

K=n+t

=6+5

=6+6-1

K=2n-1

S=4n+2

VE=4n+2=4[6] +2=26

VF=6[3] +6+2=26

VE=8n-2K=8[6]-2[11] =26

K*=C^0+D^6

y=0,z=6

VE=2y+4z+2=2[0] +4[6] +2=26

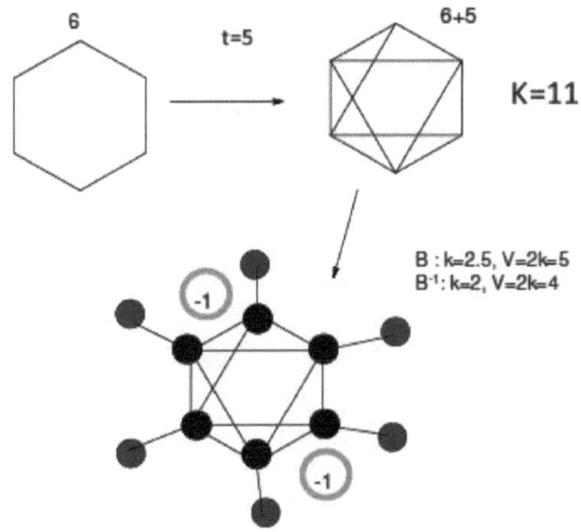

Figure - 23

Ex-18: $F=Rh_6(CO)_{16}$
K=6[4.5] +16[-1] =11, n=6
K(n)=11(6)
K=n+t
=6+5
=6+6-1
K=2n-1
S=4n+2
VE=14n+2=14[6] +2=86
VF=6[9] +16[2] =86
VE=18n-2K=18[6]-2[11] =86
$K^*=C0+D^6$
y=0, z=6
VE=12y+14z+2=12[0]+14[6]+2=86

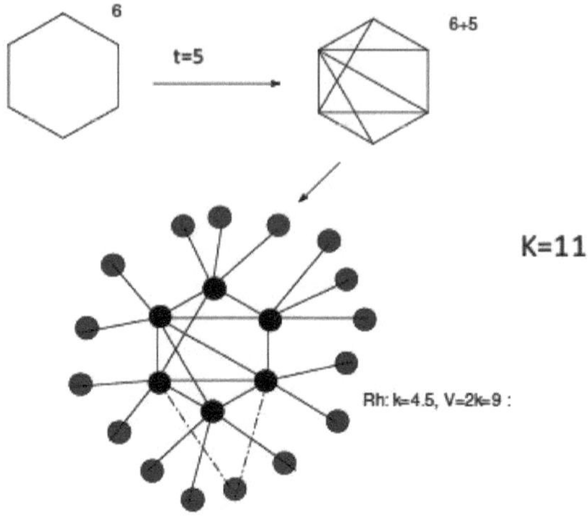

Figure - 24

K=11=FALTA DE 11 PARES DE ELECTRÕES

Rh6(CO)i6+11CO=6Rh(CO)4 5

LHS=16CO+11CO=27CO

RHS=6[4.5CO] =27CO

Ex-19: $F=Os_6(CO)_{18}^{2-}$

K=6[5] +18[-1] +2[-0.5] =11, n=6

K(n)=11(6)

K=n+t

=6+5

=6+6-1

K=2n-1

S=4n+2

VE=14n+2=14[6] +2=86

VF=6[8] +18[2] +2=86

Os: k=5, V=2k=10

Os^{-1}: k=4,5, V=2k=9

K=11=FALTA DE 11 PARES DE ELECTRÕES $Os6(CO)l8^{2-}$ +11CO=6Os(CO)5

LHS=18CO+2[-1] +11CO=19CO+11CO=30CO

RHS=6[5CO] =30CO

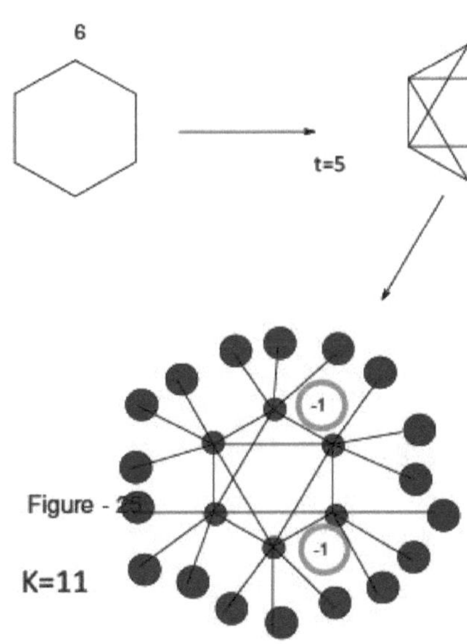

Figure - 25

Foram selecionados 19 exemplos que foram analisados e categorizados utilizando números esqueléticos. As suas estruturas isoméricas foram construídas seguindo estritamente o princípio fundamental do cluster, K=n+t. Isto significa que foi selecionada uma figura de n lados. Em seguida, foram adicionadas as ligações t para gerar uma configuração poliédrica ou uma configuração não poliédrica, dependendo da natureza da fórmula do aglomerado. Os exemplos seguintes demonstrarão este conceito.

O PRINCIPAL RESULTADO DA DECOMPOSIÇÃO DE UMA FÓRMULA DE CLUSTER COM OS NÚMEROS ESQUELÉTICOS É A EXTRACÇÃO DO PARÂMETRO K(n). O PARÂMETRO K(n) É UNIVERSAL NA MEDIDA EM QUE PODE SER UTILIZADO PARA GERAR QUALQUER FÓRMULA DE CLUSTER DE METAL DE TRANSIÇÃO OU DE ELEMENTOS DO GRUPO PRINCIPAL QUE SE DESEJA. OS EXEMPLOS SEGUINTES SERVEM DE ILUSTRAÇÃO.

CAPÍTULO 2

GERAÇÃO DE FÓRMULAS DE CLUSTER UTILIZANDO O PARÂMETRO K(n):

SIMETRIAS POLIÉDRICAS E NÃO POLIÉDRICAS

Há relativamente pouco tempo, foram descobertos os números esqueléticos dos metais do grupo principal e dos metais de transição. Estes variam de k=0 a k=7,5. A análise de uma vasta gama de aglomerados poliédricos e não poliédricos indica que os elementos esqueléticos com valores de k iguais ou superiores a 2,5 têm uma grande tendência para formar aglomerados poliédricos, enquanto que os elementos com valores inferiores não têm essa tendência. É importante notar que os aglomerados à base de hidrocarbonetos (C: k=2) formam milhões e milhões de aglomerados não poliédricos. Nesta secção, o parâmetro K(n) será utilizado para gerar aglomerados de tipo poliédrico e não poliédrico.

K-1: . K(n)=4(4)

K(n)=n+t

=4+0

=4+0

=4+4-4

K=2n-4

S=4n+8

FCH=[C](4)+8H=C_4H_8

FBH=[BH][4]+8H=B_4H_{12}

FCO=14n+8=[Os(CO)$_3$][4]+4CO=$Os_4(CO)_{16}$

K-2: K(n)=5(4)

K=n+t

=4+1

=4+4-3

K=2n-3

S=4n+6

FCH=[C][4]+6H=C4H_6(NON-POLYHEDRAL)

FBH=[BH][4]+6H=B4H_{10}(POLYHEDRAL)

FCO=14n+6=[Os(CO)$_3$][4]+3CO=Os4$(CO)_{15}$(POLYHEDRAL

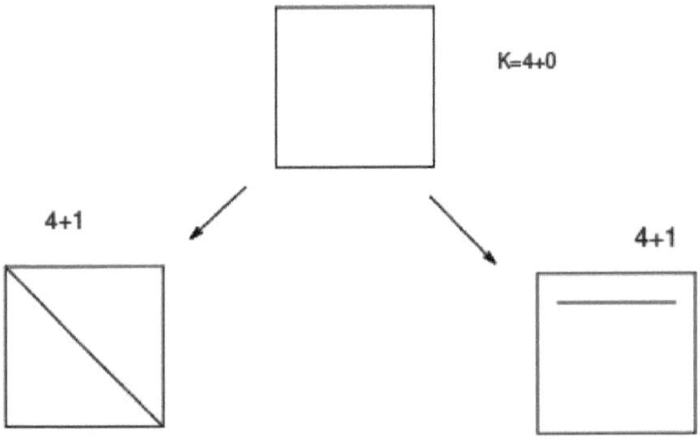

Figura - 26

K-3: . K(n)=6(4)
K=n+t
=4+2
=4+4-2
K=2n-2
S=4n+4
FCH=[C][4]+4H=C_4H_4(NON-POLYHEDRAL)
FBH=[BH][4]+4H=B_4H_8(POLYHEDRAL)
FGO=14n+4=[Os$(CO)_3$][4]+2GO=$Os_4(CO)_{14}$(poLYHEDRAL)
S=14n+4
FCO=[IrH$(CO)_2$][4]+2CO=$Ir_4H_4(CO)_8$+2CO
=Ir4$(CO)_2(CO)_8$+2CO=$Ir_4(CO)_{12}$

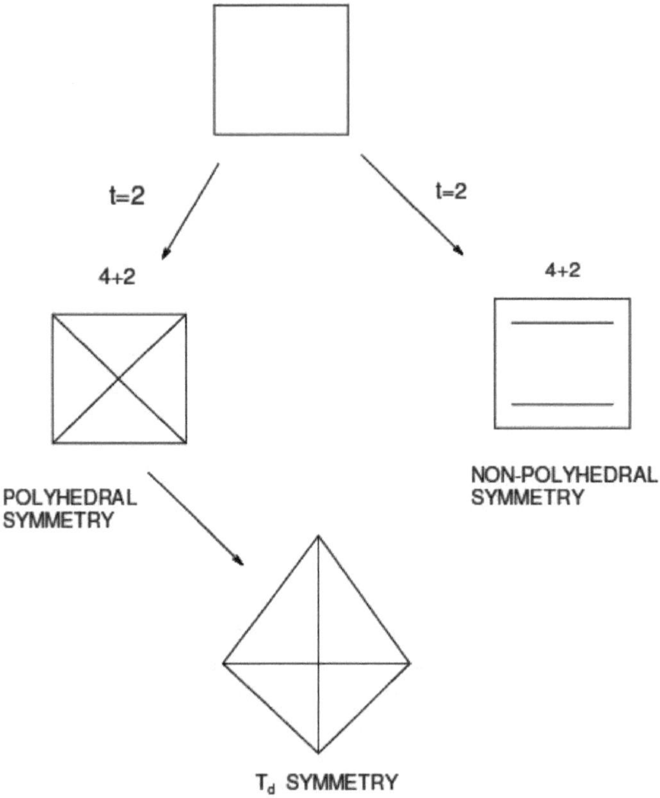

Figura - 27

K-4: K(n)=5(5)
K=n+t
=5+0
=5+5-5
K=2n-5
S=4n+10
FCH=[C][5]+1OH=C_5H_{10}
FBH=[BH][5]+1OH=B_5H_{15}
FCO=14n+1 0=[$Os(CO)_3$][5]+5CO=$Os_5(CO)_{20}$

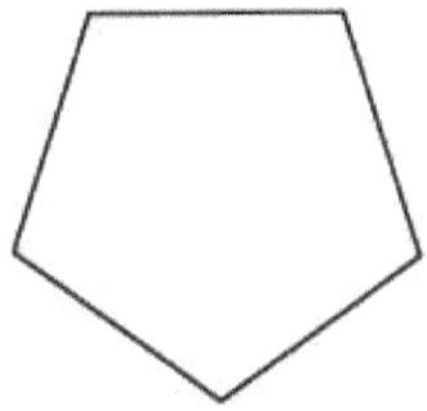

K-5: K(n)=6(5)
K=n+t
=5+1
=5+5-4
K=2n-4
S=4n+8
FCH=[C][5]+8H=C_5H_8(NON-POLYHEDRAL)
FBH=[BH][5]+8H=B_5H_{13}(P0LYHEDRAL)
S=14n+8
FCO=[$Os(CO)_3$][5]+4co=$Os_5(CO)_{19}$(POLIHEDRAL)

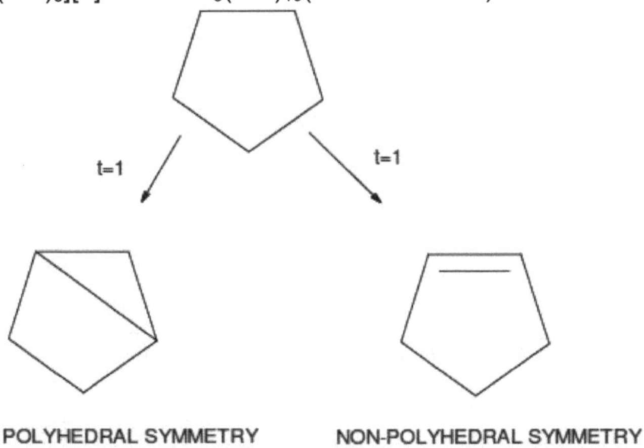

SIMETRIA POLIÉDRICA SIMETRIA NÃO POLIÉDRICA
Figura - 28

K-6: K(n)=7(5)
K=n+t
=5+2
=5+5-3
K=2n-3
S=4n+6
FCH=[C][5]+6H=C5H_6(NON-POLYHEDRAL)
FBH=[BH][5]+6H=B5HII(POLYHEDRAL)
FCO=14n+6=[$Os(CO)_3$][5]+3CO=Os5$(CO)_{18}$(POLYHEDRAL)

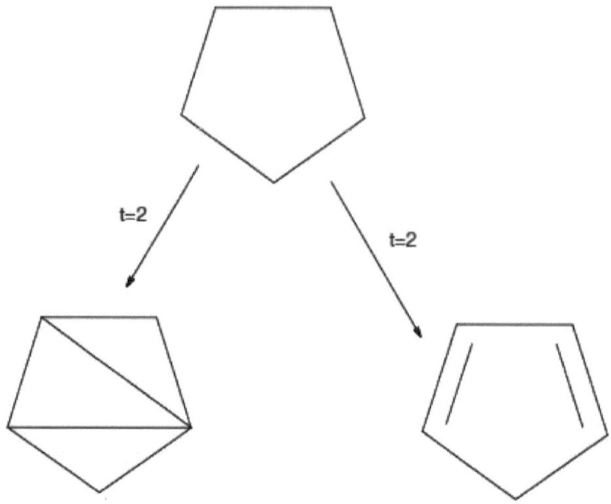

SIMETRIA POLIÉDRICA SIMETRIA NÃO POLIÉDRICA
Figura - 29

K-7: K(n)=8(5)
K=n+t
=5+3
=5+5-2
K=2n-2
S=4n+4
FCH=[C][5] +4H=C_5H_4(POLYHEDRAL?)
FBH=[BH][5]+4H=B5H9(POLYHEDRAL)
FCO=14n+4=[Os(CO)$_3$][5]$_{+2CO=Os5}$(CO)$_{17}$(POLYHEDRAL)
ESPIROPENTADIENO INSTÁVEL

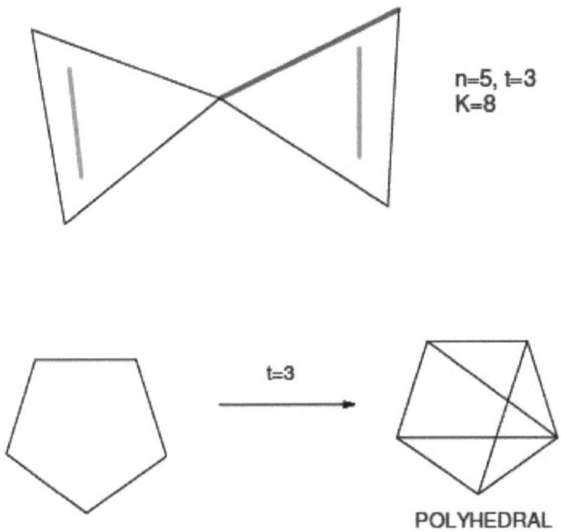

Figure - 30

Figura - 30

K-8: K(n)=9(5)

n+t

5+4

5+5-1

K=2n-1

s=4n+2

FCH=[C][5] +2H=C_{5H2}(POLYHEDRAL)

FBH=[BH][5] $_{+2H=B5H7=B5H5}$$^{2-}$(POLYHEDRAL)

FCO=14n+2=[Os$(CO)_3$][5]$_{+1CO=Os5}$$(CO)_{16}$(POLYHEDRAL)

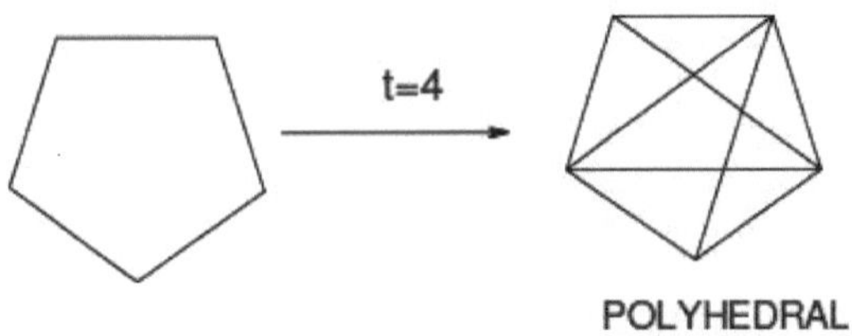

Figura - 31

K-9: . K(n)=6(6)

K=n+t

=6+0

=6+6-6

K=2n-6

S=4n+12

FCH=[C][6]+12H=C_6H_{12}

FBH=[BH][6]+12H=B_6H_{18}

FCO=14n+12=[ReH$(CO)_3$][6]+6CO

$=Re_6(CO)_3(CO)_{(18)}+6CO$
$=Re_6(CO)_{27}$

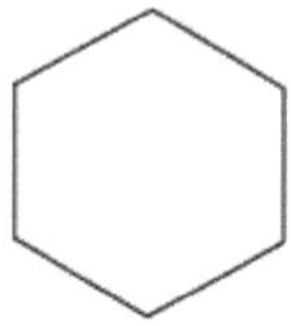

K-10: K(n)=7(6)
K=n+t
=6+1
=6+6-5
K=2n-5
S=4n+10
FCH=[C][6]+10H=C_6H_{10}(NON-POLYHEDRAL)
FBH=[BH][6]+10H=B_6H_{16}
FCO=14n+10=$[Os(CO)_3][6]$+5CO=$Os_6(CO)_{23}$(POLYHEDRAL)

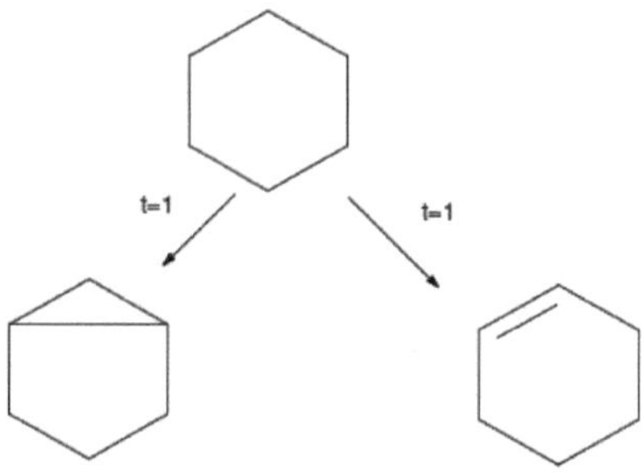

POLYHEDRAL NON-POLYHEDRAL

K-11: K(n)=8(6)
K n t=+
=6+2
=6+6-4]
K=2n-4
S=4n+8
FCH=[C][6]+8H=C_6H_8(NON-POLYHEDRAL)
FBH=[BH][6]+8H=B_6H_{14}(POLYHEDRAL)
FCO=14n+8=$[Os(CO)_3][6]$+4CO=$Os_6(CO)_{22}$(POLYHEDRAL)

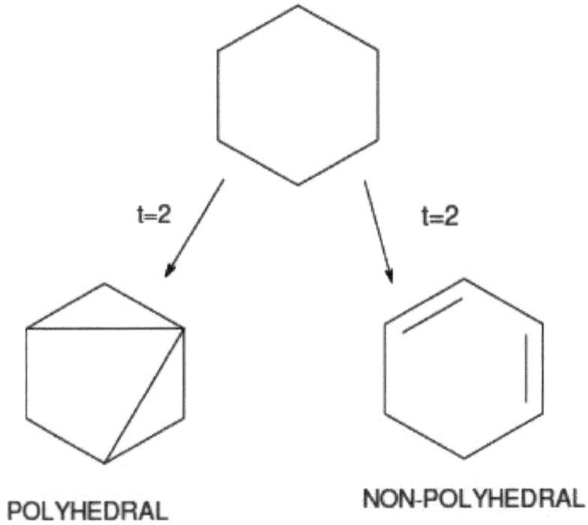

Figura - 33

K-12: K(n)=9(6)
K=n+t
=6+3
=6+6-3
K=2n-3
S=4n+6
FCH=[C][6]+6H=C_6H_6(NON-POLYHEDRAL)
FBH=[BH][6]+6H=B_6H_{12}(POLYHEDRAL)
FCO=14n+6=[$Os(CO)_3$][6]+3CO =$Os_6(CO)_{21}$(POLYHEDRAL)

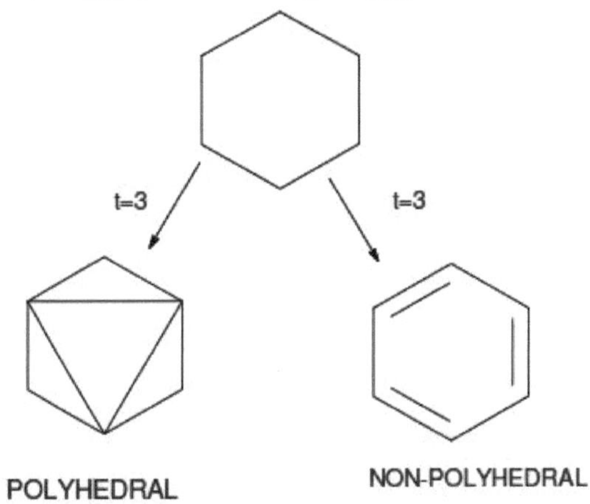

Figure - 34

K-13: K=10(6)
K=n+t
=6+4
=6+6-2
K=2n-2
S=4n+4
FCH=[C][6]+4H=C_6H_4
FBH=[BH][6]+4H=B_6H_{10}(POLYHEDRAL) FC0=14n+4=[$Os(CO)_3$][6]+2CO =$Os_6(CO)_{20}$(POLYHEDRAL

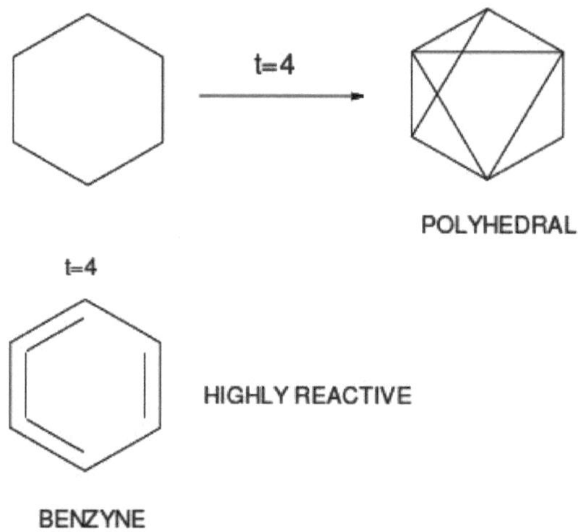

Figura - 35

K-14: K(n)=11(6) K=n+t
=6+5
=6+6-1
K=2n-1 S=4n+2 FCH=[C][6]+2H=C6H2
FBH=[BH][6]+2H=B6H8=B6H62-(POLYHEDRAL)
FCO=14n+2=[Os(CO)3][6]+C0 =Os6(CO)19=Os6(CO)182-(POLYHEDRAL)
FCO=14n+2=[RhH(CO)2][6]+1CO=Rh6H6(CO)12+1CO =Rh6(CO)3(CO)12+1CO=Rh6(CO)16(POLYHEDRAL)

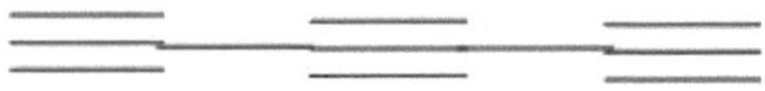

F=C_6H_2

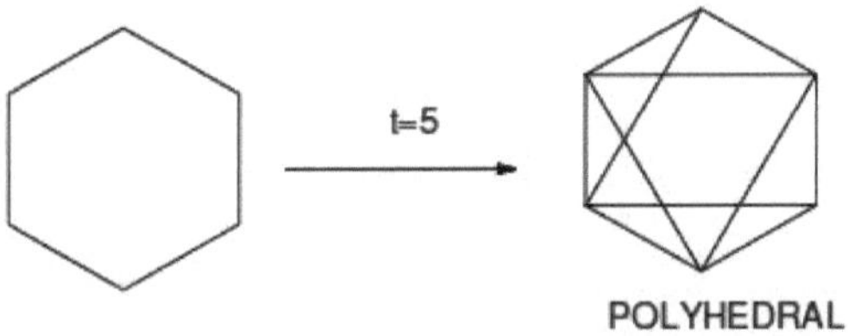

POLIHEDRAL
Figura - 36

K-15: K(n)=12(6)
K=n+t
=6+6
=6+6-0
K=2n+0
S=4n+0
FCH=[C][6]+0H=C6
FBH=[BH][6]+0=B_6H_6(UNKNOWN)
FCO=14n+0
=[0s(C0)3][6]=0s6(C0)ı8(P0LYHEDRAL)
Os: k=5, V=2k=10

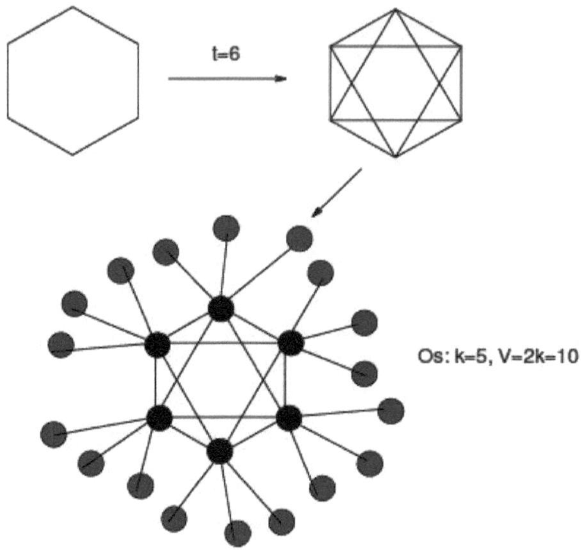

estrutura isomérica de os6(co)18
Figura - 37

CAPÍTULO 3

TEORIA DOS ANÉIS

A construção de uma estrutura isomérica baseia-se no princípio fundamental de aglomeração K=n+t, em que K= o número de ligações esqueléticas que unem os elementos esqueléticos (n). O número de ligações necessárias para assegurar que cada elemento esquelético obedece à regra dos 18 electrões ou à regra dos 8 electrões para os metais de transição ou para os elementos do grupo principal, respetivamente. A este respeito, o conceito de teoria dos anéis é um modelo hipotético que distribui as + n+t ligações esqueléticas por n elementos esqueléticos. As ligações esqueléticas t são as ligações extra que são adicionadas à simetria de forma a garantir que a regra dos 8 ou 18 electrões é cumprida. As ligações t são preferencialmente adicionadas de forma triangular, de modo a gerar uma forma poliédrica ou não-poliédrica, como é o caso de muitos compostos orgânicos. Parece que a tendência para formar aglomerados poliédricos entre elementos esqueléticos aumenta com o aumento do número esquelético (k) dos elementos de k=2 a k=7,5. Ou seja, a natureza poliédrica dos elementos químicos aumenta com o aumento do carácter metálico dos elementos. Os elementos esqueléticos de um anel devem estar ligados de modo a formar um anel. O conceito de teoria dos anéis está resumido na Figura 38 e as formas cíclicas dos anéis estão também ilustradas na Figura 39 e na Figura 40 para n^3 a n^6. Propõe-se a adoção de um símbolo n^x para representar um anel de x elementos esqueléticos. Os clusters analisados até agora pertencem aos sistemas de anéis n^4, n^5 e n^6. Por exemplo, o cluster B_4H_{10} pertence ao sistema de anéis n^4, enquanto $Rh_6(CO)_{16}$ pertence ao sistema de anéis n^6 e $Os_5(CO)_{16}$ pertence à série n^5.

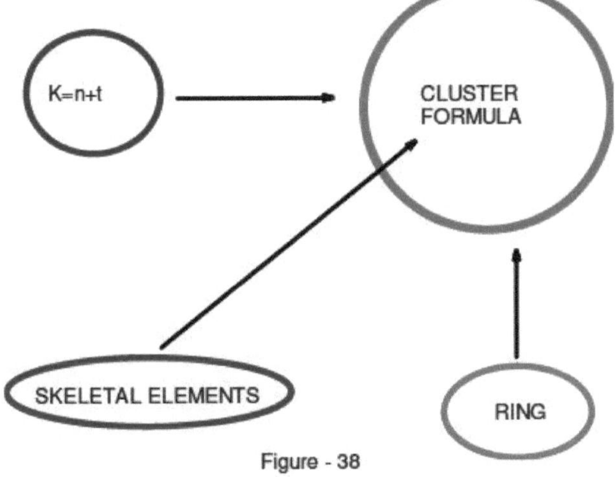

Figure - 38

O conceito de anel é algo circular. A este respeito, todos os exemplos seguintes mencionados acima pertencem a uma categoria de um anel de 4, $R=n^4$; $Os_4(CO)_{15}$, $Os_4(CO)_{16}$, $Fe_4(C)(CO)_{12}^{2-}$, $Re_4(C)(CO)_5(PPh_2)_5^{-1}$, C_4H_4, C_4H_6 e B_4H_{10}.

$R=n^3$

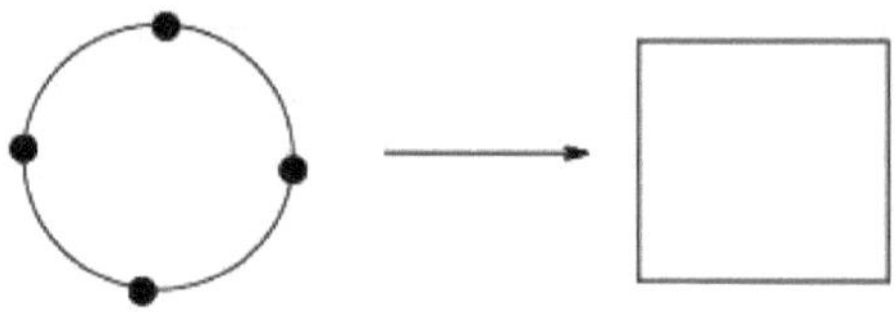

$R=n^4$

Todos estes clusters obedecem ao princípio fundamental, K=n+t, onde n=4 e t=0, 1, 2, 3, 4, etc. Os seguintes clusters, $Re_5(C)(CO)16H^{2-}$, $B_5H_5^{2-}$, Bi_5^{3+}, Pb_5^{2-}, B_5H_{11}, B_5H_9, e C_5H_6 pertencem a $R=n^5$.

$R=n^5$

Os exemplos de $R=n^6$ já mencionados incluem, C_6H_6, B_6H_{12}, $B_6H_6^{2-}$, $Rh_6(CO)_{16}$, $Os_6(CO)_{18}^{2-}$ e $Os_6(CO)_{18}$.

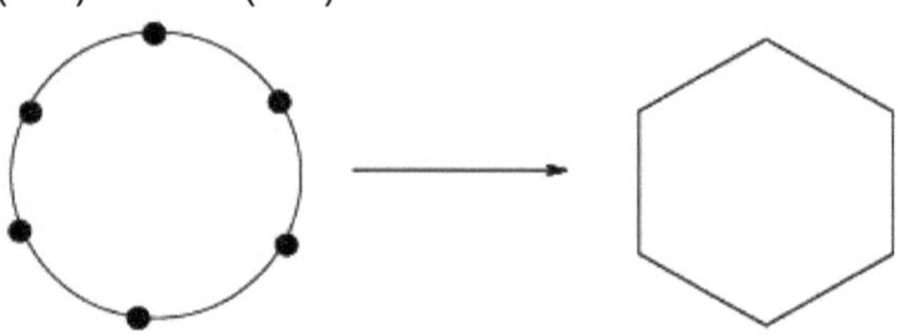

$R=n^6$

Figura - 39

Como já foi referido, o foco deste livro centrar-se-á nos agrupamentos que seguem o princípio K=n+t, em que t=0, 1,2, etc. Os agrupamentos em que t=-1 tendem a ser lineares e é possível que esses agrupamentos não formem anéis.
K= n+t;

n ligações esqueléticas
são utilizados para formar um anel e as restantes ligações t são inseridas no anel de forma a que cada nó do skeltal satisfaça a regra dos 8 ou 18 electrões.

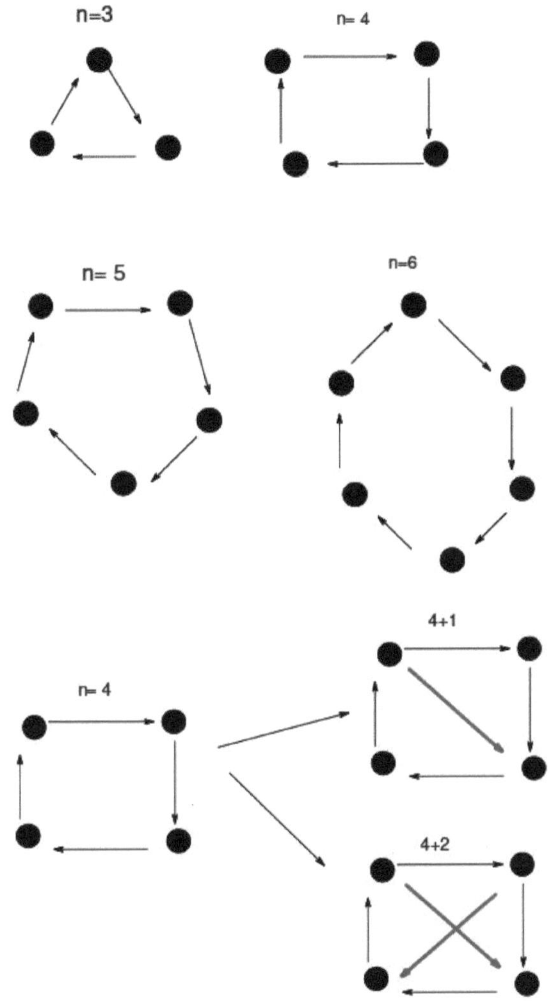

Figure - 40

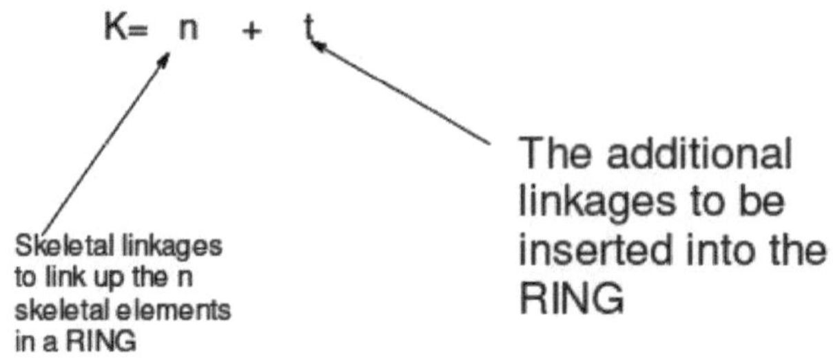

The basis for the construction of an isomeric strtucture in a single ring.

Figure - 41

As ligações adicionais a inserir no RING
Ligações esqueléticas para ligar os n elementos esqueléticos num ANEL
A base para a construção de uma estrutura isomérica num único anel.
Figura - 41

CAPÍTULO 4

A FORMAÇÃO DE AGLOMERADOS DE ANÉIS COM PONTES

A análise de muitos aglomerados poliédricos e não poliédricos revela que os elementos esqueléticos podem ser distribuídos por dois ou mais anéis. Nesses casos, as ligações esqueléticas também se distribuem em conformidade. Algumas das ligações esqueléticas serão utilizadas para ligar os elementos esqueléticos nos anéis, enquanto outras serão utilizadas para formar as pontes que ligam os anéis. Esta situação é ilustrada na Figura 42.

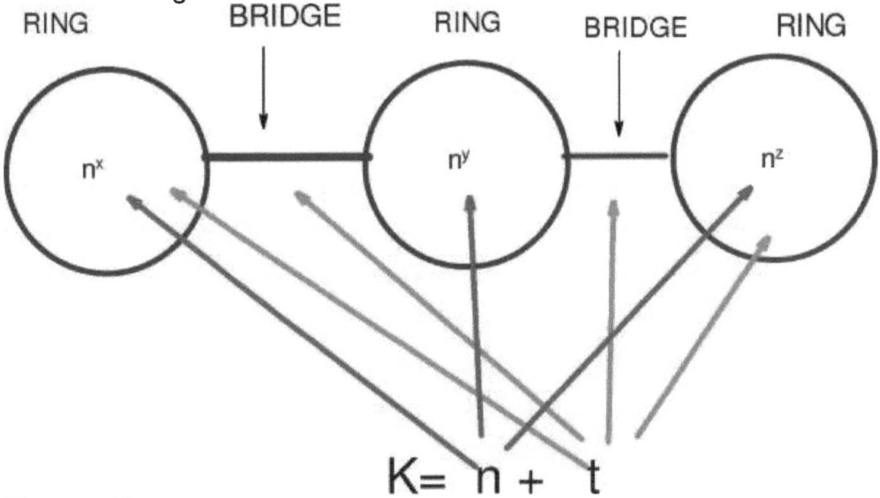

Figura - 42

DISTRIBUIÇÃO DAS LIGAÇÕES ESQUELÉTICAS NO INTERIOR DE ANÉIS E PONTES

CAPÍTULO 5

FORMAÇÃO DE POLÍMEROS

F=B4H10

K(n)=5(4)

DIMERIZAÇÃO

B_4H_{10}+B_4H_{10}-H2=B_8H_{18}

K=5 5 5+5+1=11

O grupo de dímeros possui um total de 11 ligações e 2 anéis. Neste isómero, as ligações estão distribuídas de forma a que 5 ligações fiquem fechadas em cada um dos anéis e a ligação restante seja utilizada como PONTE para unir os 2 anéis. Como o dímero é derivado do cluster B4H10 que tem um valor K(n) de 5(4) =4+1, quatro das ligações serão utilizadas para formar um anel de 4 membros e as restantes formarão uma diagonal. Isto significa que os dois anéis terão 2 diagonais e serão ligados por uma ponte. Isto significa que as 2 diagonais e as ligações da ponte =3, o que corresponde ao valor das ligações t no grupo de dímeros.

A PONTE
ANÉIS WO

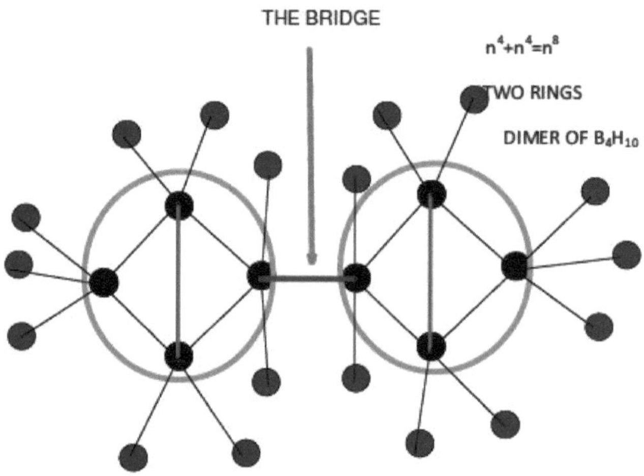

K(n)=11(8)

K=n+t

=8+3(t=3)

$n^8=n^4+n^4$, o que implica que existem dois anéis de 4 membros unidos por uma única ligação.

ESTRUTURA SOMÉRICA DE B8H_W

D-1: F=B_8H_{18}

K=8[2,5] +18[-0,5] =11, n=8

K(n)=11(8)

K=n+t

=8+3
=8+8-5
K=2n-5
S=4n+10
VE=4n+10=4[8] +10=42
VF=8[3] +18=42
VE=8n-2K=8[8]-2[11] =42
$K^*=C^{-4}+D^{12}$
y=-4, z=12
VE=2y+4z+2=2[-4] +4[12] +2=42
NESTE CASO, O AGRUPAMENTO É CONSIDERADO COMO UM ANEL.

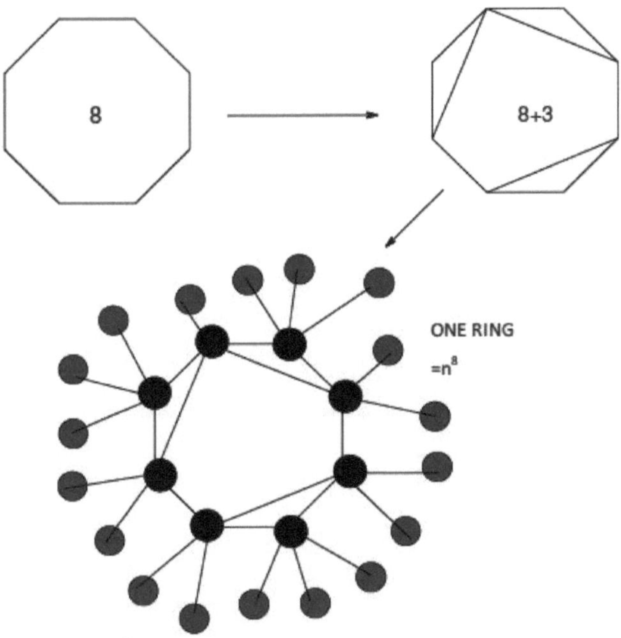

ESTRUTURA ISOMÉRICA DO B_8H_{18}

SIMETRIA POLIÉDRICA
Figura - 44

RING MUTATION: $n^8+3 \rightleftharpoons n^4+1)+1+(n^4+1)$

MUTAÇÃO DO ANEL

A reação acima é muito interessante porque demonstra a função fundamental das ligações (t). O parâmetro K(n)=11(8) =8+3 (t=3) implica uma ligação para o anel n^4, outra que actua como ponte e a outra para o segundo anel n^4. Esta hipotética reação de polimerização pode ser prolongada indefinidamente.

B8HI8+B4HI0^BI2H26+H2

K=11+5^11+5+1=17

B12H26 + B4H10^B16H34+H2

B16H34+ B4H1-.> B20H42+H2

B20H42+ B4H10^ B24H50+H2

K=35, n=24, t=11

$R = n^{24} + 11$

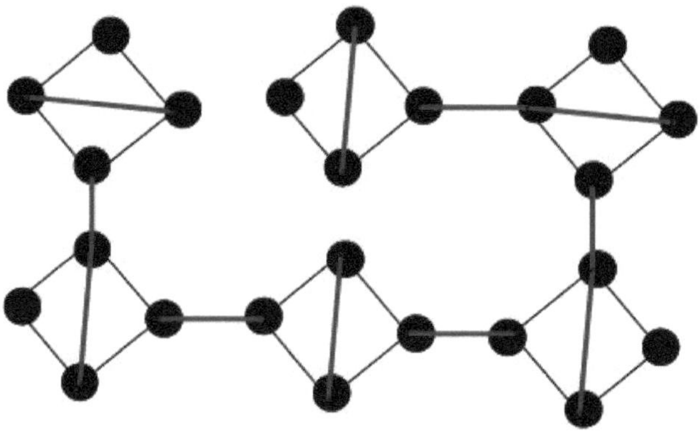

$B_{24}H_{50}$, K=35, n=24, t=11

Figura - 45

B24H50- >B24H48+H2(K=36, n=24, t=12)

A eliminação adicional de H_2 poderia levar à criação de uma ligação adicional, dando-nos um polímero cíclico $B_{24}H_{48}$.

$R=n^{24}+12$

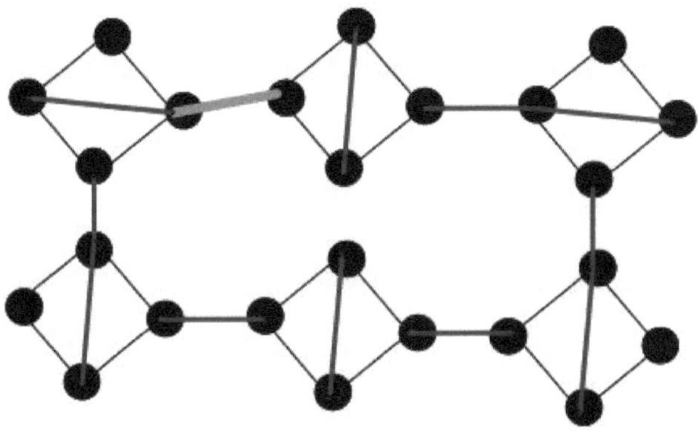

$B_{24}H_{48}(K=36, n=24, t=12)$

Figura - 46

$n^{10}+7 \rightleftharpoons (n^5+3)+1+(n^5+3)$

DERIVÁVEL DE B_5H_9 K=5[2.5]+9[-0.5]=8,n=5 K(n)=8(5)

K=n+t

=5+3

=5+5-2

K=2n-2

S=4n+4

VE=4n+4=4[5]+4=24

VF=5[3]+9=24

FORMAÇÃO DE UM DIMER D-2: $2B_5H_9=B_{10}H_{16}+H_2$

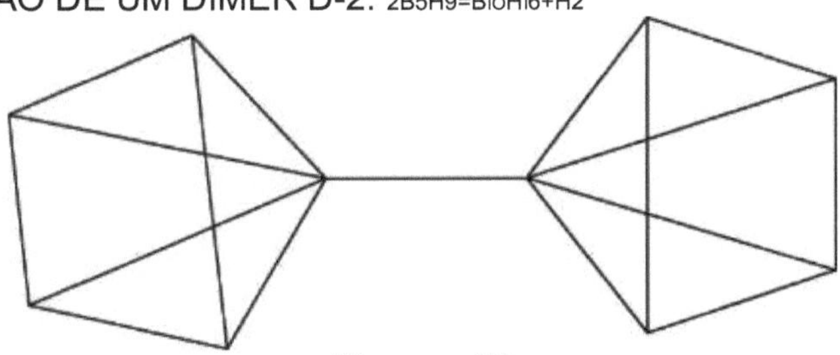

Figura - 47

FORMAÇÃO DE POLÍMEROS $2B_5H_9=B_{10}H_{16}+H_2$

$B_{10}H_{16}+B_5H_9=B_{15}H_{23}+H_2$

$B_{15}H_{23}+B_5H_9=B_{20}H_{30}+H_2$

K=20[2,5] +30[-0,5] =35, n=20

K(n)=35(20)

K=n+t

=20+15

=20+20-5

K=2n-5
S=4n+10
VE=4n+10=4[20] +10=90
VF=2O[3] +30=90

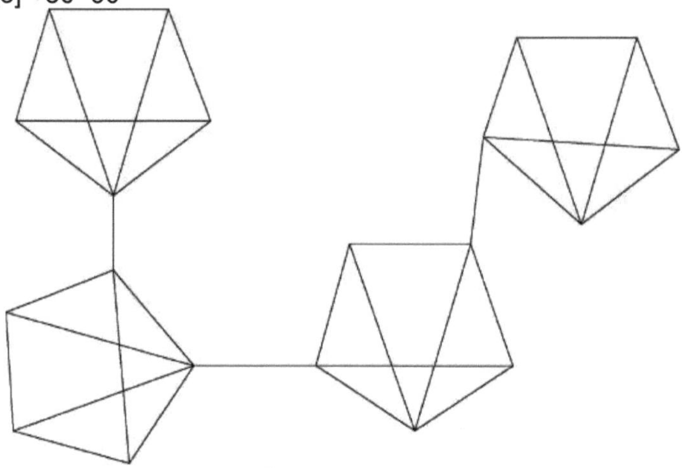

CLUSTER: $n^{20}+15$

Figura - 48

D-3: $F=B_{2O}H_{26}$
K=20[2,5]+26[-0,5]=37, n=20
K(n)=37(20)
K=n+t
=20+17
=20+20-3
K=2n-3
S=4n+6
VE=4n+6=4[20]+6=86
VF=4[2O]+6=86

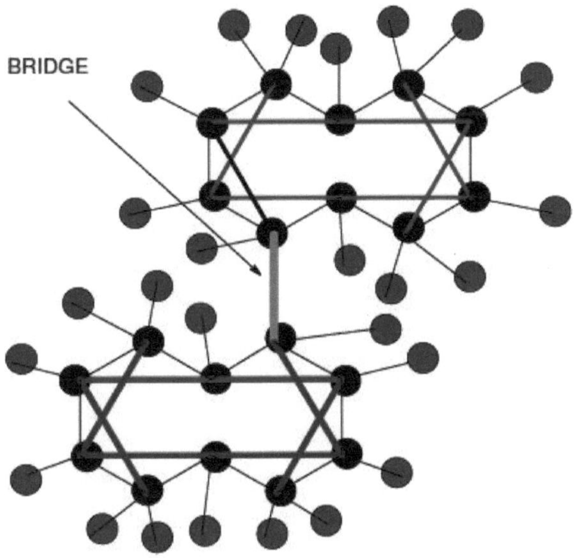

$$n^{20}+17 \rightleftharpoons (n^{10}+8)+1+(n^{10}+8)$$

figura - 49

DERIVÁVEL DE

$F=B_{10}H_{14}$

K=1O[2,5] +14[-0,5] =18, n=10

K(n)=18(10)

K=n+t

K=10+8

=10+10-2

K=2n-2

S=4n+4

VE=4n+4=4[10] +4=44

VF=10[3] +14=44

FORMAÇÃO DE POLÍMEROS

$2B_{10}H_{14}=B_{20}H_{26}+H_2$

$B_{20}H_{26}+B_{10}H_{14}=B_{30}H_{38}+H_2$

$B_{30}H_{38}+B_{10}H_{14}=B_{40}H_{50}+H_2$

K=4O[2,5] +50[-0,5] =75, n=40

K(n)=75(40)

K=n+t

=40+35

=40+40-5

K=2n-5

S=4n+10

VE=4n+10=4[40] +10=170

VF=4O[3] +50=170

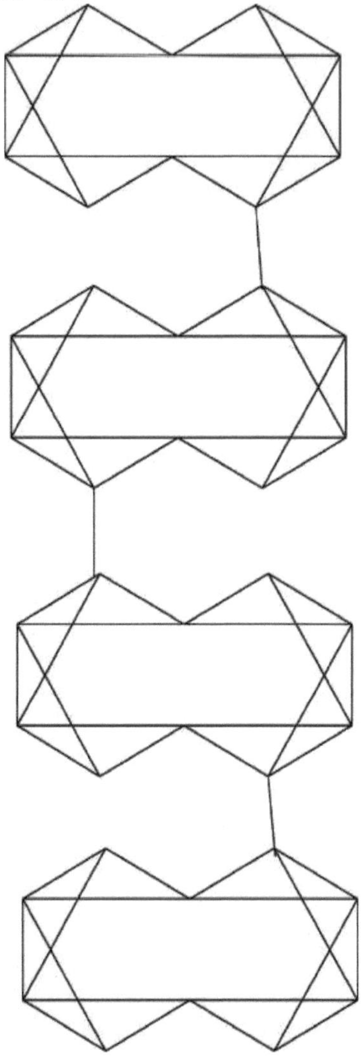

CLUSTER: $n^{40}+35$

$F=C_6H_6$

K(n)=9(6), t=3

REACÇÃO DE DIMERIZAÇÃO

D-4: $C_6H_6 + C_6H_{6(2)} = C_{(12)}H_{(10+)} H_2$

K= 9 9 18+1=19

K(n)=19(12)

$12+7= n^{12}+7 =(n^6+3) +1+(n^6+3)$

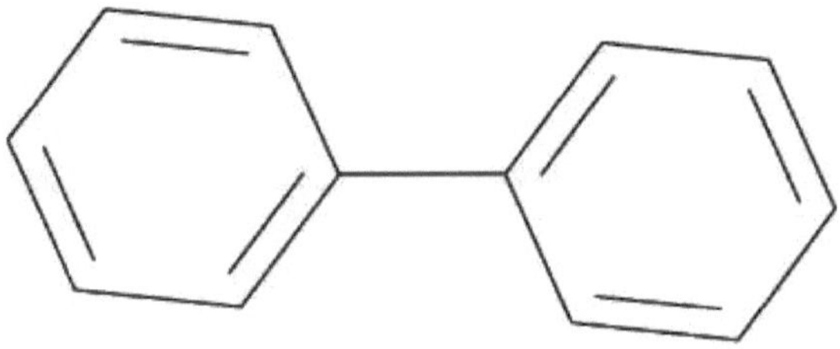

Figure - 51

POLIMERIZAÇÃO HIPOTÉTICA DE C_6H_6

2C6H6=CI2HIO+H

$C_{12}H_{10}+C_6H_6=C_{18}H_{14}+H$

$C_{18}H_{14}+C_6H_6=C_{24}H_{18}+H$

$C_{24}H_{18}+C_6H_6=C_{30}H_{22}+H$

$C_{30}H_{22}+C_6H_6=C_{36}H_{26}+H_2$

K=36[2]+26[-0,5]=59, n=36

K(n)=59(36)

K=n+t

=36+23 =36+36-13

K=2n-13

S=4n+26

VE=4n+26=4[36]+26=170

VF=36[4]+26=170

K=59, t=23 , n=36

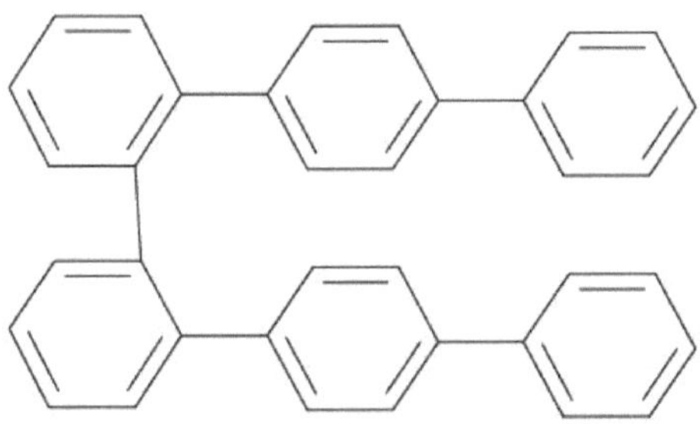

6 n^6 rings

CLUSTER: n^{36}+23

Figura - 52

IDENTIFICAÇÃO DAS LIGAÇÕES EM CLUSTERS

ID-1: F=C_4H_4

K=4[2]+4[-0,5]=6,n=4

K(n)=6(4)

K=n+t

=4+2(t=2)

=4+4-2

K=2n-2

S=4n+4

VE=4n+4=4[4] +4=20

VF=4[4] +4=20

VE=8n-2K=8[4]-2[6] =20

$K^*=C^{-1}+D^5$

y=-1, z=5

VE=2y+4z+2=2[-1] +4[5] +2=20

K=6

K=6, t=2, n=4

CLUSTER: n^4+2

CLUSTER: n^4+2

Figura - 53

FORMA NÃO POLIÉDRICA

O aglomerado está ligado por 6 ligações esqueléticas. Isto representa uma falta de 6 pares de electrões para que cada elemento esquelético obedeça à regra dos 8 electrões.

C_4H_4+6[2H) =4CH_4

LHS=4H+12H=16H

RHS=4[4H] =16H

ID-2: C_6H_6

K=6[2] +6[-0,5] =9, n=6

K(n)=9(6)

K=n+t=6+3(três ligações duplas)

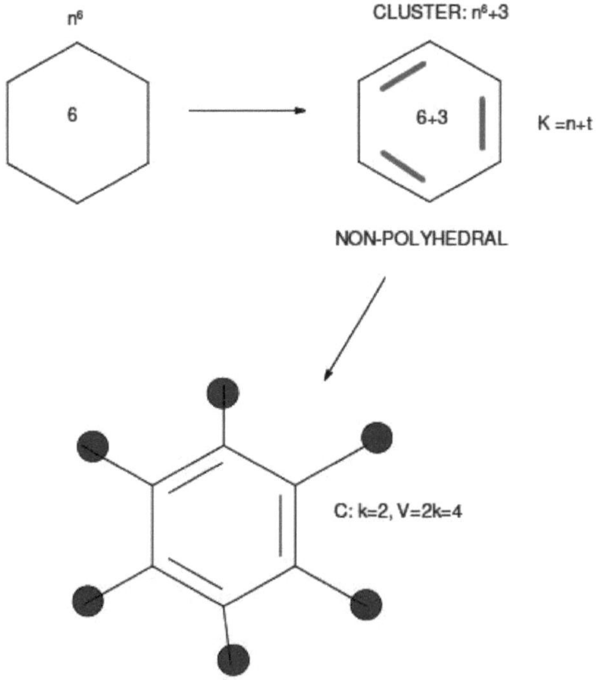

ESTRUTURA ISOMÉRICA DO C_6H_6

Figura - 54

ID-3: $F=C_{19}H_{16}$
K=19[2]+16[-0,5]=30, n=19
K(n)=30(19)
K=n+t
=19+11

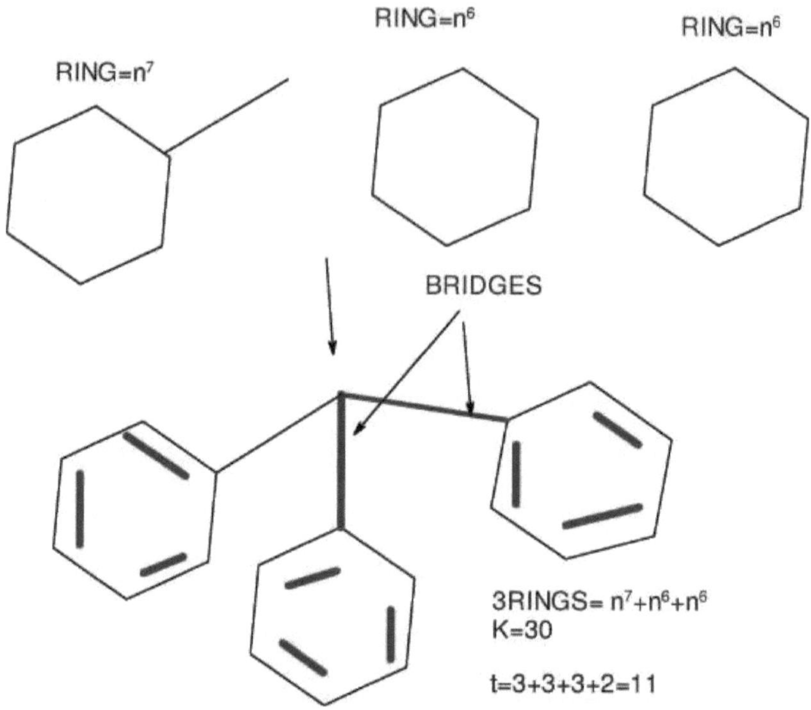

CLUSTER: $n^{19}+11$

Figura - 55

A soma dos elementos esqueléticos (n) do aglomerado=7+6+6=19. Quando as ligações t são adicionadas como pontes e ligações pi, obtém-se t=11. O total de ligações =19+11=30.

ID-4: F=$C_{25}H_{2O}$ K=50-10=40, n=25 K(n)=40(25) K=25+15

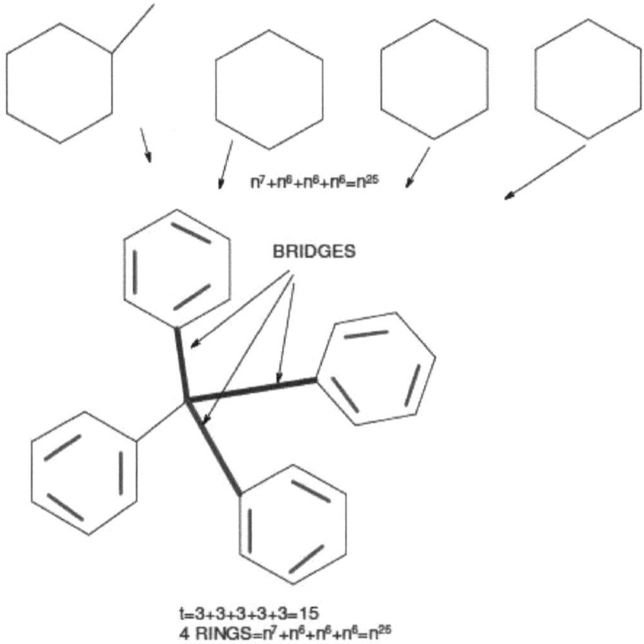

CLUSTER: $n^{25}+15$

Figura - 56

Neste exemplo, o átomo de carbono central é atribuído a um dos anéis de 6 membros que agora se torna R=n7. Este anel está agora ligado a 3 anéis de seis membros para gerar um aglomerado $F=n^7+3n^6=n^{25}$.

O grupo F=C25H20

K=25[2] +20[-0,5] =40, n=25

K)n) =40(25)

K=n+t =25+15; t=15

=25+25-10

K=2n-10

S=4n+20

VE=4n+20=4[25] +20=120

VF=25[4] +20=120

Cada um dos anéis de 6 membros tem 3 ligações pi, o que dá um total de 18 ligações. Depois, as três pontes que ligam todos os anéis do aglomerado também fornecem 3 ligações adicionais, dando-nos um total de 15 ligações. Quando o cluster não tem pontes, todas as ligações t correspondem apenas ao número de ligações pi no cluster. Isso é bem ilustrado pelos exemplos da aspirina e do paracetamol mostrados nas Figuras 57 e 58, onde todas as ligações pi são as ligações t.

ID-5: ASPRINA, C9H8O4

n^{13}
t=3+1+1=5
27 $F=C_9H_8O_4$
K=9[2]+8[-0,5]+4[1]=18, n=13
K(n)=18(13)
K=n+t
=13+5(cinco ligações duplas)
=13+13-8
K=2n-8
S=4n+16
VE=4n+16=4[13]+16=68
VF=9[4]+8+4[6]=68
VE=8n-2K=8[13]-2[18]=68
$K^*=C^{-7}+D^{20}$
y=-7, z=20
VE=2y+4z+2=2[-7]+4[20]+2=68

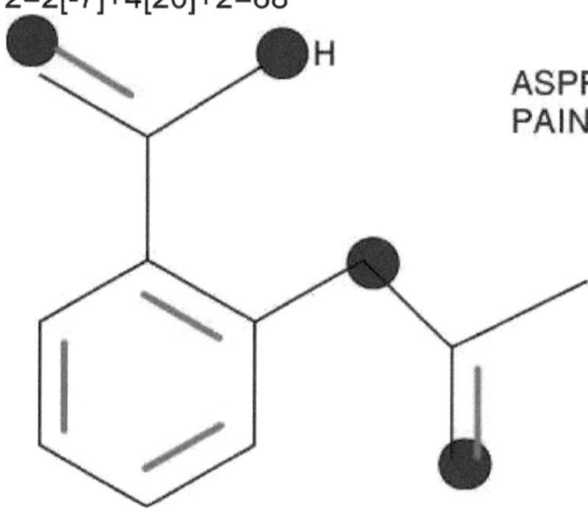

ASPRIN
PAIN-KILLER

CLUSTER: $n^{13}+5$

Figura - 57

ID-6: PARACETAMOL, F=C8H9NO2 K=8[2]+9[-0,5]+1[1,5]+2[1]=15, n=11 K(n)=15(11)
K=n+t
=11+4(t=4, quatro ligações duplas)
ANALGÉSICO PARACETAMOL

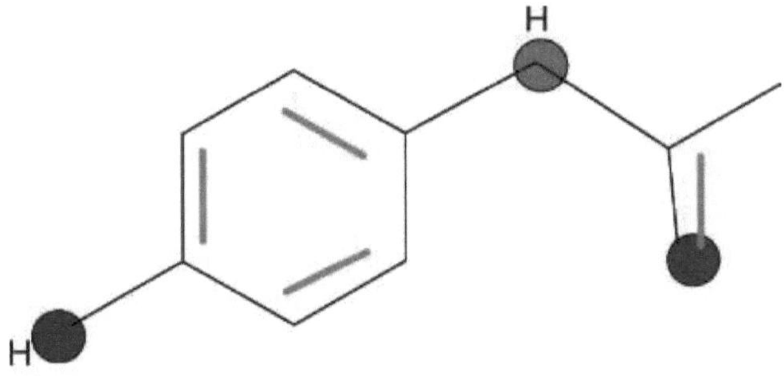

CLUSTER: $n^{11}+4$

Figure - 58

=11+11-7
S=4n+14
VE=4n+14=4[11]+14=58
VE=8n-2K=8[11]-2[15]=58
VF=8[4]+9+5+12=58
$K^{*}=C^{-6}+D^{17}$
y=-6, z=17
VE=2y+4z+2=2[-6]+4[17]+2=58

Vejamos outro exemplo... Se nos concentrarmos apenas nas ligações externas, descobriremos que estas são iguais a 16, correspondendo ao número de elementos esqueléticos n=16. Se considerarmos agora as ligações internas no interior do anel e as 2 ligações pi aos grupos funcionais CO, obteremos um total de 10 ligações. Estas correspondem a t=10.

UM ANEL
ID-7: $F=C_{1zl}H_{ñ}0_{9}$
K=14[2] +8[-0.5] +2[1] =26, п=16
K(п)=26(16)
K=n+t
=16+10
=16+16-6
K=2п-6
S=4n+12
VE=4n+12=4[16] +12=76
VF=14[4] +8+12=76

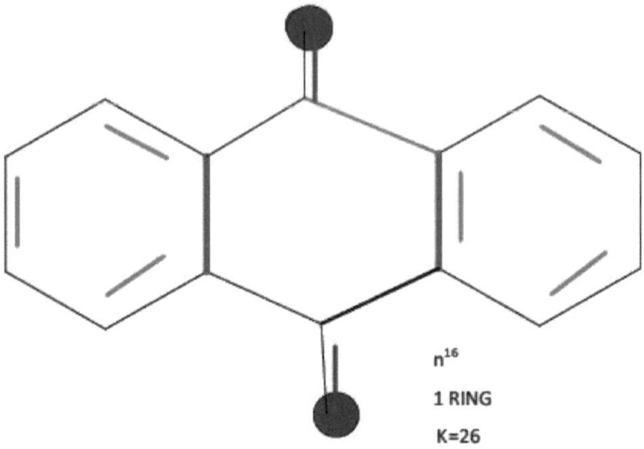

CLUSTER: n^{16}+10
Figura - 59
3 ANÉIS $n^{11}+n^{6}+n^{6}=n^{23}$ t=3+2+2+3+3=13
ID-8 F=C2iHi6Ü2
K=21[2]+16[-0.5]+2[1]=36,n=23
K(n)=36(23)
K=n+t
=23+13
=23+23-10
K=2n-10
$K^{*}=C^{-}9+D^{32}$
S=4n+20
VE=4n+20=4[23]+20=112
VF=21[4]+16+12=112
VE=8n-2K=8[23]-2[36]=112
y=-9, z=32
VE=2y+4z+2=2[-9]+4[32]+2=112

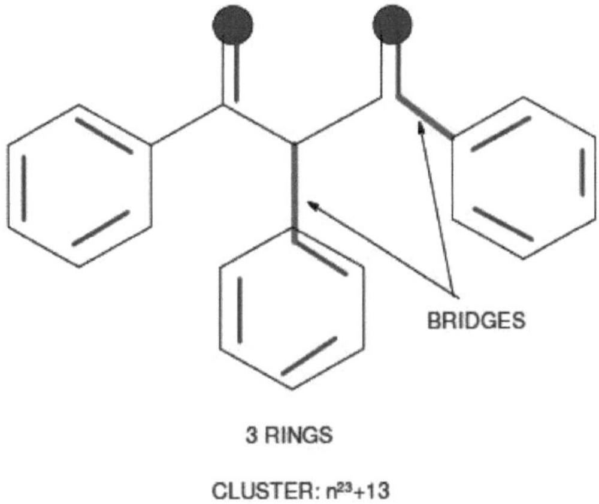

Figura - 60
AMITRIPTYLINE
TRATAMENTO DA DEPRESSÃO MAJOR
DESORDEM

AMITRIPTYLINE
TREATMENT OF MAJOR DEPRESSIVE
DISORDER

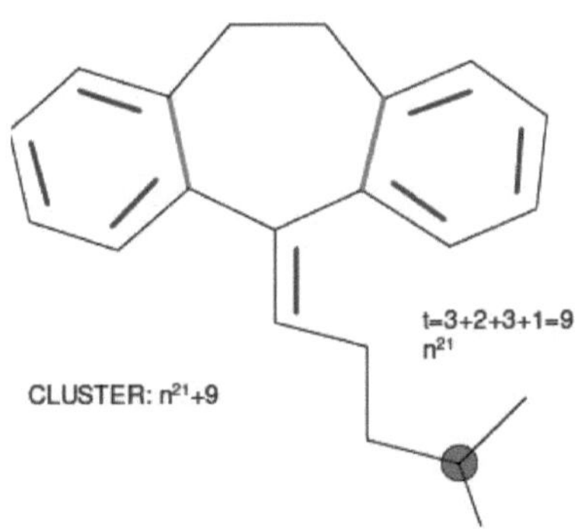

ID-9:
$F=C_{20}H_{23}N$
t=3+2+3+1=9
n^{21}

K=20[2] +23[-0.5] +1[1.5] =30, n=21 K(n)=30(21) K=n+t =21+9(t=9) =21+21-12 K=2n-12 S=4n+24 VE=4n+24=4[21] +24=108 VF=20[4] +23+5=108 VE=8n-2K=8[21]-2[30] =108 $K^*=C^{-11}+D^{32}$ y=-11, z=32 VE=2y+4z+2=2[-11] +4[32] +2=108

Figura - 61

ID-10: DIAZEPAM: F=C16H13ClN2O K=16[2] +13[-0.5] +1[-0.5] +2[1.5] +1[1]=29, n=19 K(n)=29(19) K=n+t =19+10(t=10) =19+19-9 K=2n-9 S=4n+18 VE=4n+18=4[19] +18=94 VF=16[4] +13+1+10+6=94 VE=8n-2K=8[19]-2[29] =94 K*=C-8+D27 y=-8, z=27 VE=2y+4z+2=2[-8] +4[27] +2=94

TRATAMENTO DE CONVULSÕES COM DIAZEPAM

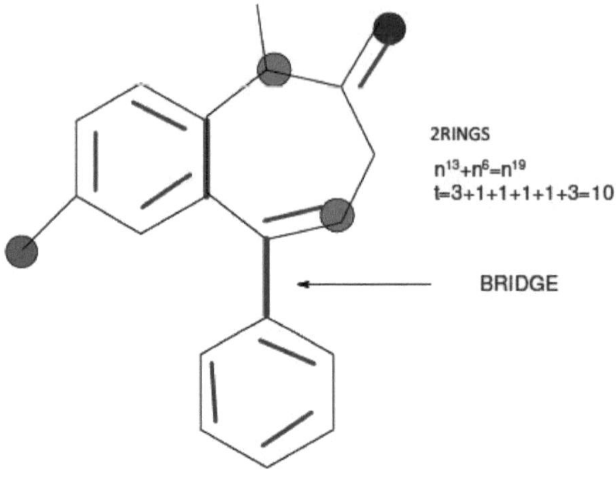

Figura - 62

IDENTIFICAÇÃO DE LIGAÇÕES t EM ISÓMEROS SELECCIONADOS DE
C12H10

ID-11 K=12[2] +10[-0,5] =19, n=12
K(n)=19(12)
K=n+t
=12+7
=12+12-5
K=2n-5
S=4n+10
VE=4n+10=4[12] +10=58
VF=12[4] +10=58
VE=8n-2K=8[12]-2[19] =58
$K^*=C^{-4}+D^{16}$
y=-4, z=16
VE=2y+4z+2=2[-4] +4[16] +2=58
BENZOCICLOOCTATETRAENO

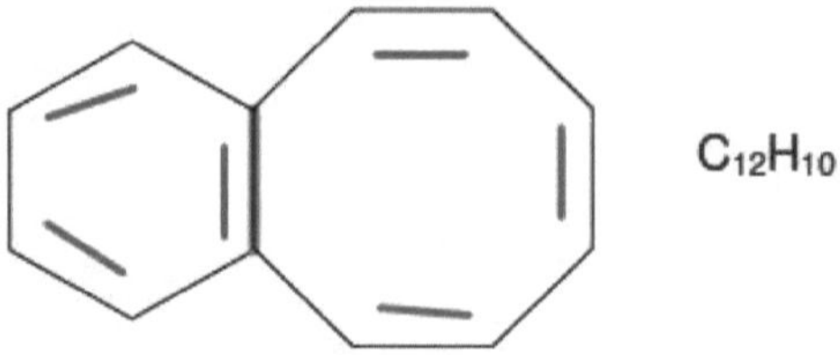

K=19 t=3+1+3=7 1RING=n^{12}

CLUSTER: n12+7
Figura - 63
ELASOVALENE
39'F=Cl2Hl0

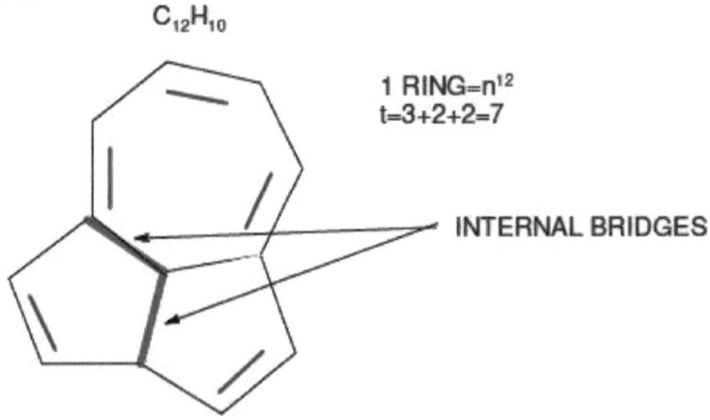

Figura - 64 CLUSTER: n^{12}+7

UM ANEL=n^{12} t=3+1+3=7

HEPTALENE

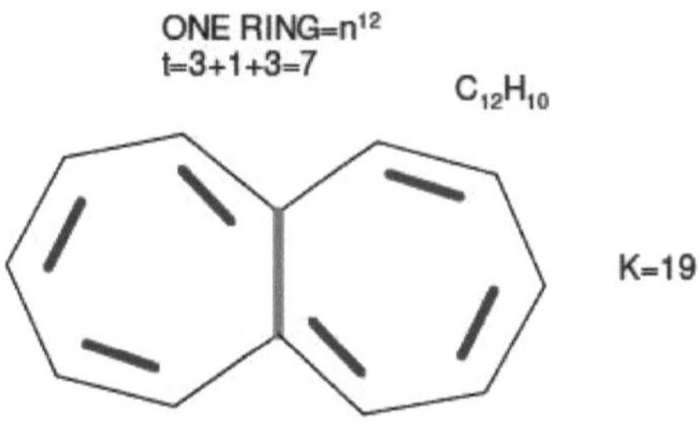

CLUSTER :n^{12}+7 Figura - 65

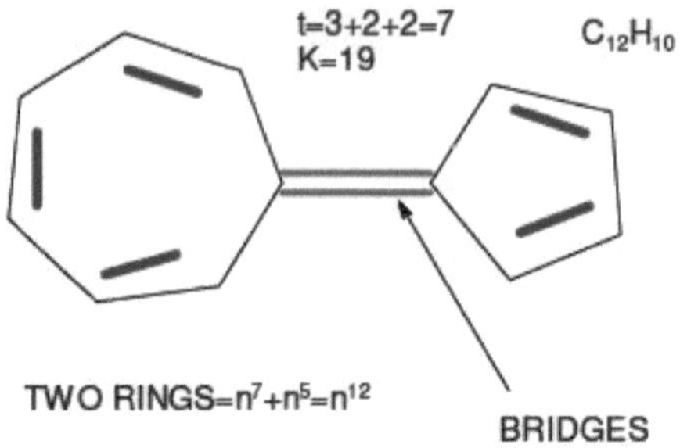

CLUSTER:$n^{12}+7$

Figura - 66

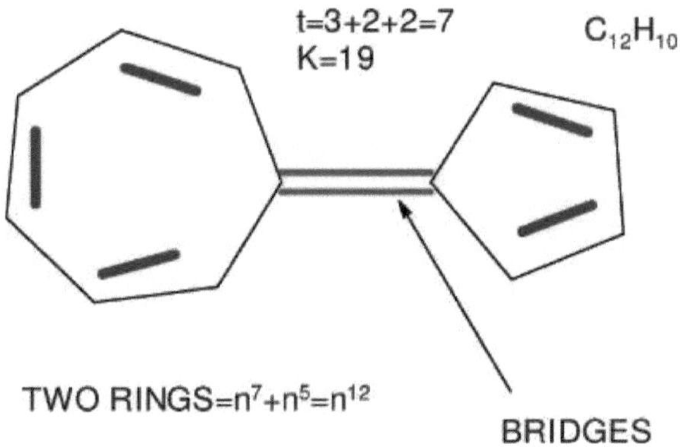

CLUSTER:$n^{12}+7$

Figura - 66

CAPÍTULO 6

ISOMERISMO DO ANEL

A construção de uma estrutura isomérica baseia-se no princípio fundamental, K= n+t. Assume-se que todos os n elementos do esqueleto participam na formação de um anel cíclico. Na prática, este pressuposto nem sempre se verifica. O importante é que exista pelo menos um anel com um número de elementos esqueléticos inferior ao máximo de n. A formação de tais isómeros é melhor designada por ISOMERISMO DE ANEL. Os exemplos seguintes ilustram bem este ponto.

RM-1: $F=C_4H_8$

K=4[2] +8[-0,5] =4, n=4

K(n)=4(4)

K=n+t

=4+0

=4+4-4

K=2n-4

S=4n+8

VE=4n+8=4[4] +8=24

VF=4[4] +8=24

VE=8n-2K=8[4]-2[4] =24

$K^*=C^{-3}{}_{+D7}$

y=-3, z=7

VE=2y+4z+2=2[-3] +4[7] +2=24

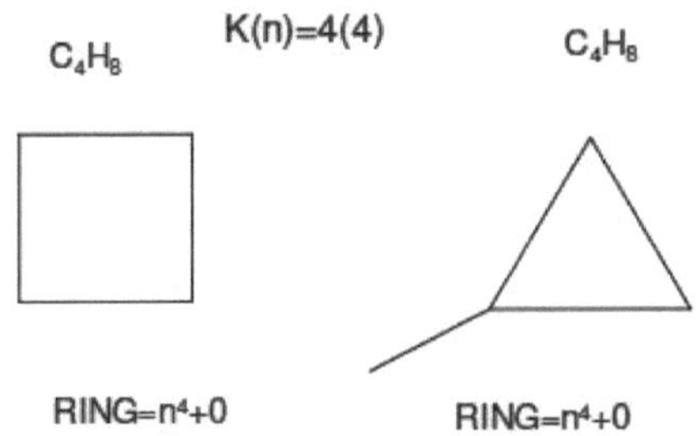

Figura - 67

RM-2: $F=C_4H_6$ $K=4[2]+6[-O.5]=5$, $n=4$ $K(n)=5(4)$

$K=n+t$

$=4+1$

$=4+4-3$

$K=2n-3$

$S=4n+6$

$VE=4n+6=4[4]+6=22$

$VE=8n-2K=8[4]-2[5]=22$

$VF=4[4]+6=22$

$K^*=C^{-2}+D^6$

$y=-2$, $z=6$

$VE=2y+4z+2=2[-2]+4[6]+2=22$

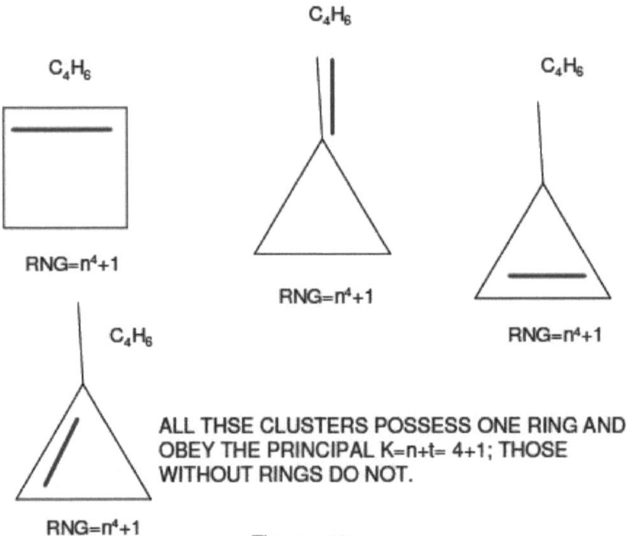

Figure - 68

TODOS ESTES AGRUPAMENTOS POSSUEM UM ANEL E OBEDECEM AO PRINCÍPIO K=n+t= 4+1 ; OS QUE NÃO POSSUEM ANEL NÃO O FAZEM.

Figura - 68

$F=C_4H_4$
$K(n)=6(4)$
$K=4+2$

ONE RING=n^4+2

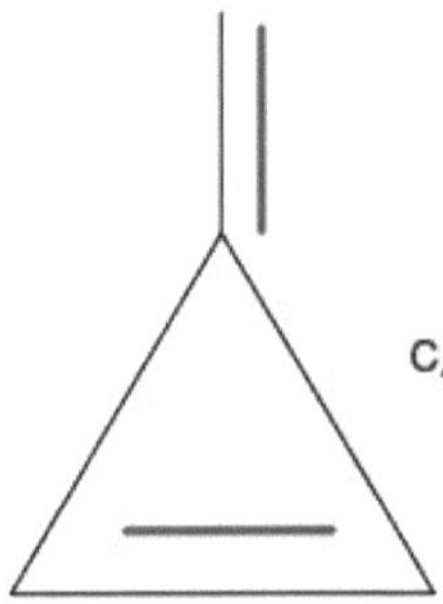

C_4H_4

ONE RING=n^4+2

Figura - 69

SÉRIE C5
F=C5H12, C5H10, C5H8;
C5H6, C5H4, C5H2
RM-3: F=C5H10
K=5[2] +10[-0,5] =5, n=5 K(n)=5(5) K=n+t =5+0 =n5+0(SEM DÚVIDAS) =5+5-5
K=2n-5 S=4n+10 VE=4n+10=4[5] +10=30 VF=5[4] +10=30
VE=8n-2K=8[5]-2[5] =30 K*=C-4+D9
y=-4, z=9 VE=2y+4z+2=2[-4] +4[9] +2==30

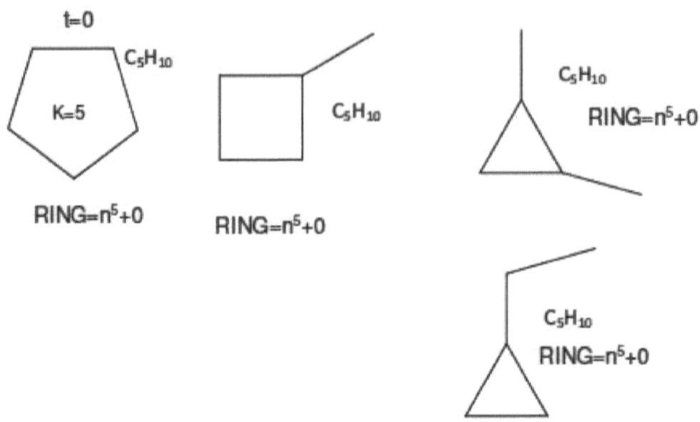

Figure - 70

RM-4: F=C5H8
K=5[2] +8[-0,5] =6, n=5 K(n)=6(5) K=n+t =5+1(LIGAÇÃO ÚNICA DUPLA)
=5+5-4
K=2n-4 S=4n+8 VE=4n+8=4[5] +8=28 VF=5[4] +8=28
VE=8n-2K=8[5]-2[6] =28 K*=C-3+D8
y=-3, z=8 VE=2y+4z+2=2[-3] +4[8] +2=28
ISÓMEROS: ANEL n^5+1

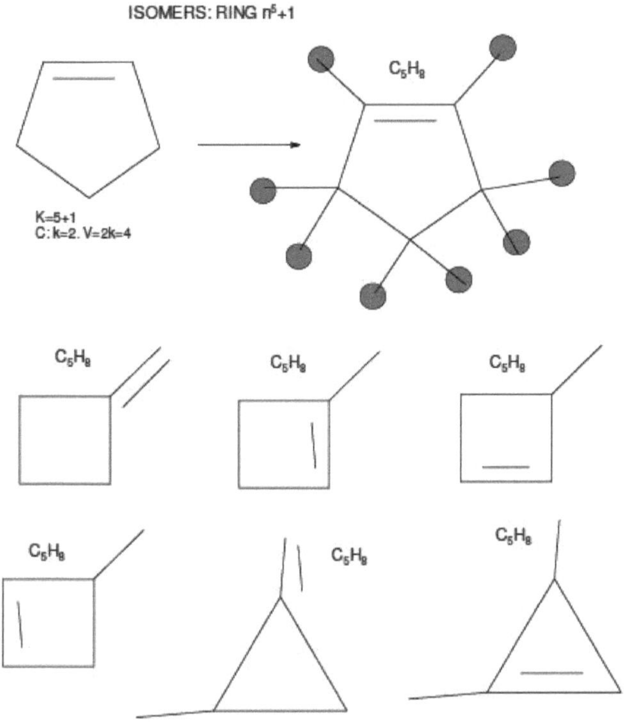

TODOS ESTES AGRUPAMENTOS POSSUEM UM ANEL E OBEDECEM AO PRINCÍPIO K=n+t= 5+1; OS QUE NÃO POSSUEM ANEL NÃO O FAZEM.

RM-5: F=C_5H_6

K=5[2] +6[-0,5] =10-3=7 n=5

K(n)=7(5)

K=n+t

=5+2(DUAS LIGAÇÕES DUPLAS)

=5+5-3

K=2n-3

S=4n+6

VE=4n+6=4[5] +6=26

VF=5[4] +6=26

VE=8n-2K=8[5]-2[7] =26

$K^*=C^{-2}+D^7$

y=-2, z=7

VE=2y+4z+2=2[-2] +4[7] +2=26

K=7 = FALTA DE 7 PARES DE ELECTRÕES

CsH6+7[2H] =5CH4

LHS=6H+14H=20H
RHS=5[4H] =20H

ISÓMEROS: ANEL n^5+2

$F=C_5H_6$

K(n)=7(5)

=5+2

C: k=2, V=2k=4

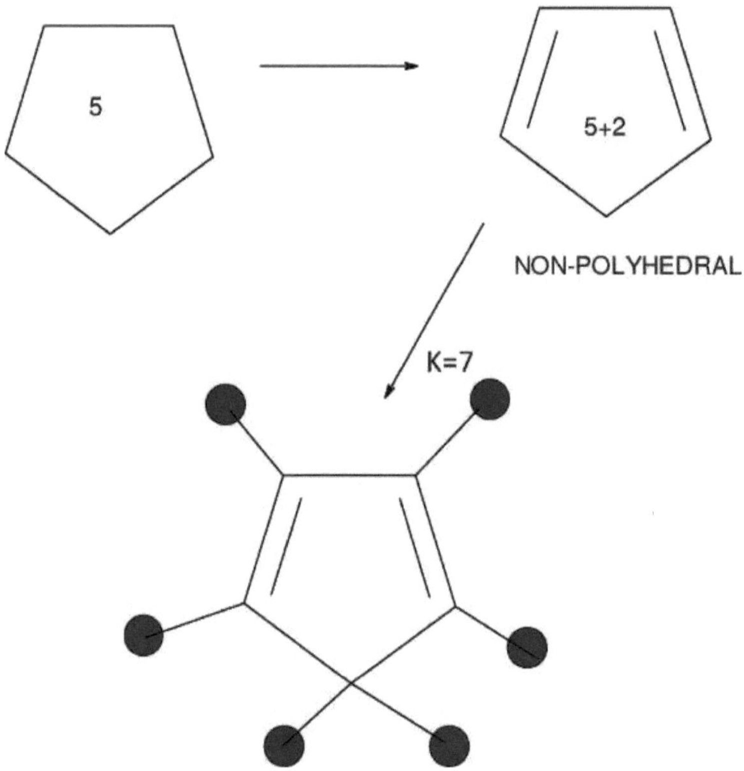

ESTRUTURA ISOMÉRICA DO C_5H_6

RING=n^5+2
C: k=2, V=2k=4

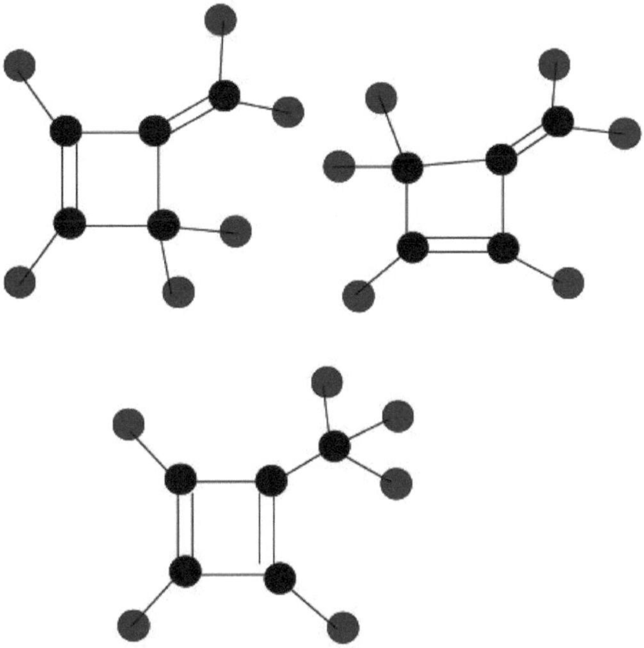

TODOS ESTES AGRUPAMENTOS POSSUEM UM ANEL E OBEDECEM AO PRINCÍPIO K=n+t= 5+2; OS QUE NÃO POSSUEM ANEL NÃO O FAZEM.

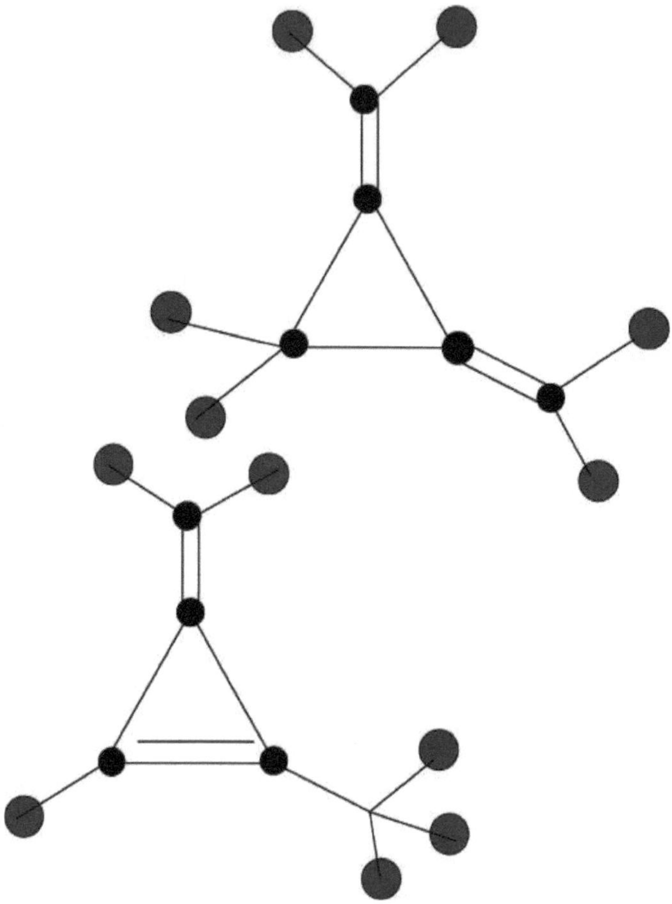

Figura - 74

TODOS ESTES AGRUPAMENTOS POSSUEM UM ANEL E OBEDECEM AO PRINCÍPIO K=n+t= 5+2; OS QUE NÃO POSSUEM ANEL NÃO O FAZEM.

SÉRIE C6

$F=C_6H_{14}, C_6H_{12}, C_6H_{10}, C_6H_8, C_6H_6, C_6H_4$

RM-6: $F=C_6H_{14}$

K=6[2] +14[-0,5]=5, n=6

K(n)=5(6)

K=n+t

=6-1

=6+6-7

K=2n-7

S=4n+14

$VE=4n+14=4[6]+14=38$
$VF=6[4]+14=38$
$VE=8n-2K=8[6]-2[5]=38$
$K^*=C^{-6}+D^{12}$
$y=-6, z=12$
$VE=2y+4z+2=2[-6]+4[12]+2=38$
RM-7: $F=C_6H_{12}$
$K=6[2]+12[-0,5]=6, n=6$
$K(n)=6(6)$
$K=n+t$
=6+0(SEM LIGAÇÕES DUPLAS)
$=6+6-6$
$K=2n-6$
$S=4n+12$
$VE=4n+12=4[6]+12=36$
$VF=6[4]+12=36$
$VE=8n-2K=8[6]-2[6]=36$
$K^*=C^{-5}+D^{11}$
$y=-5, z=11$
$VE=2y+4z+2=2[-5]+4[11]+2=36$
DERIVAÇÃO DE TÍTULOS ÚNICOS, DUPLOS E TRÊS DUPLOS(t=0,1,2,3).
INTRODUZAMOS UM TERMO MUTAÇÕES DE ANEL PARA REFERIR A FORMAÇÃO DE VÁRIAS ESTRUTURAS QUÍMICAS, INCLUINDO ISÓMEROS, COM BASE NO PRINCÍPIO K=n+t/

ISOMERS: RING n^6

RING MUTAIONS

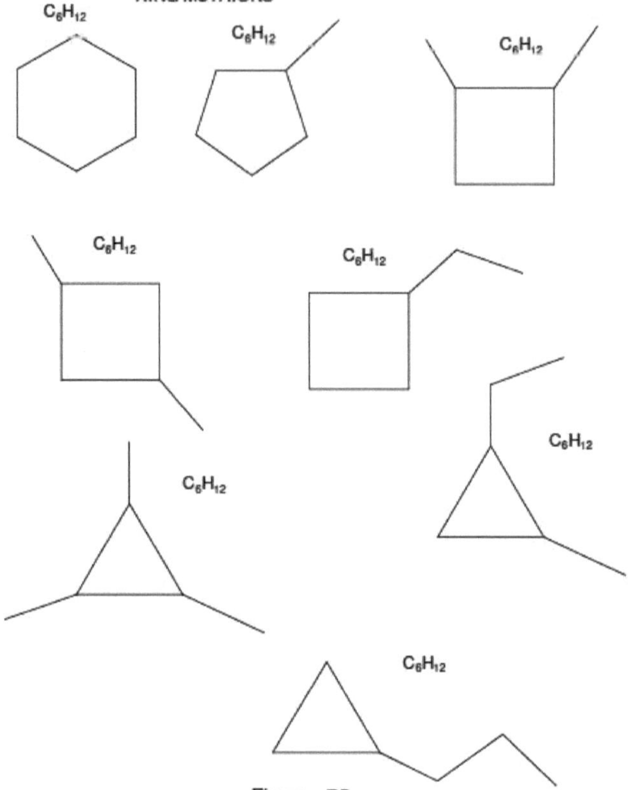

Figure - 75

VAMOS CONCENTRAR-NOS APENAS NOS ISÓMEROS EM ANEL.

LET US FOCUS ON RING ISOMERS ONLY.

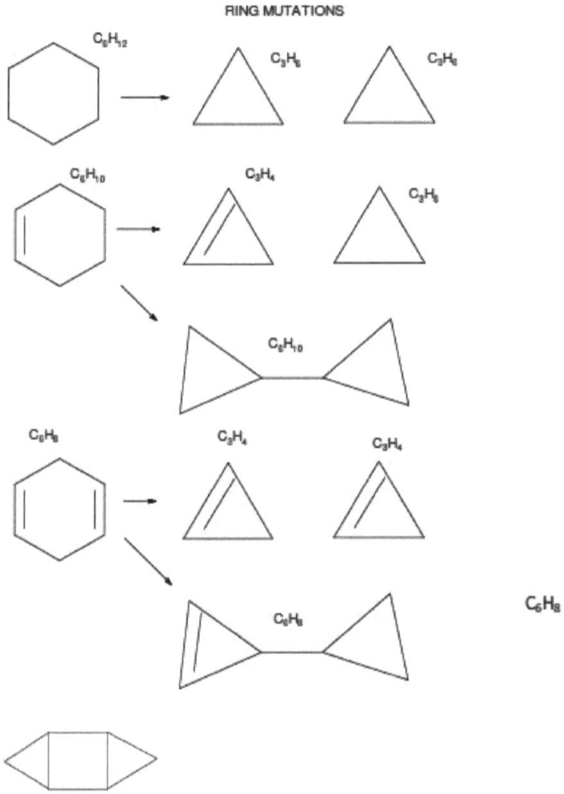

Figure - 76

MUTAÇÕES DO ANEL

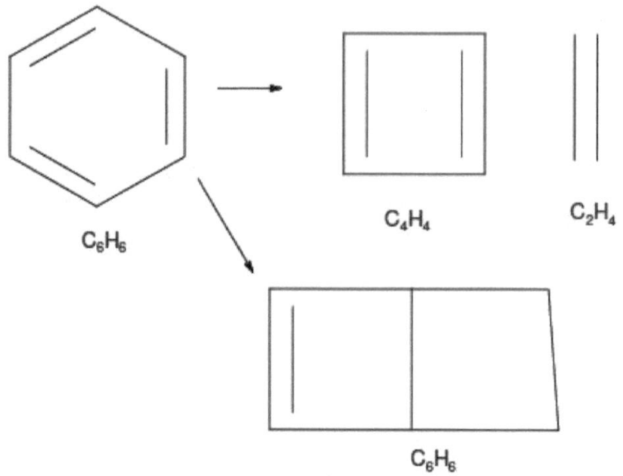

Figure - 77

RM-8: F=C6H10
K=6[2] +10[-0,5] =7, n=6 K(n)=7(6) K=n+t =6+1(LIGAÇÃO ÚNICA DUPLA)
=6+6-5
K=2n-5 S=4n+10 VE=4n+10=4[6] +10=34 VF=6[4] +10=34
VE=8n-2K=8[6]-2[7] =34 K*=C-4+D10
y=-4, z=10 VE=2y+4z+2=2[-4] +4[10] +2=34

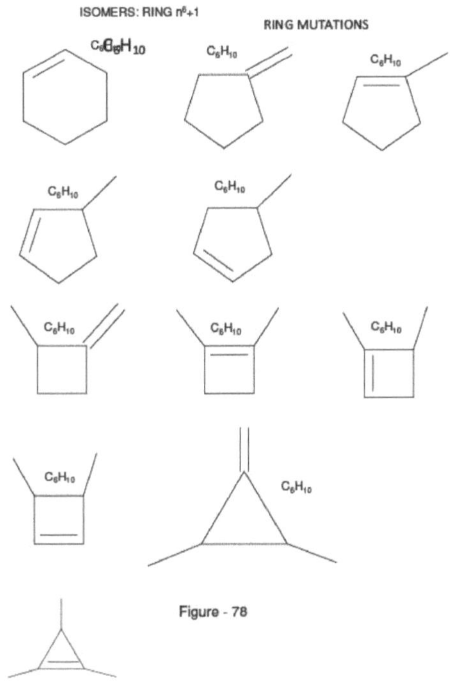

Figure - 78

1. ISÓMEROS: Anel n^6+1 MUTAÇÕES DE ANEL

TODOS ESTES AGRUPAMENTOS POSSUEM UM ANEL E OBEDECEM AO PRINCÍPIO K=n+t= 6+1 ; OS QUE NÃO POSSUEM ANEL NÃO O FAZEM.

RM-9: $F=C_6H_8$

K=6[2] +8[-0,5] =8, n=6

K(n)=8(6)

K=n+t

=6+2(DUAS LIGAÇÕES DUPLAS)

=6+6-4

K=2n-4

S=4n+8

VE=4n+8=4[6] +8=32

VF=6[4] +8=32

VE=8n-2K=8[6]-2[8] =32

$K^*=C^{-3}+D^9$

y=-3, z=9

VE=2y+4z+2=2[-3] +4[9] +2=32

MUTAÇÕES DO ANEL

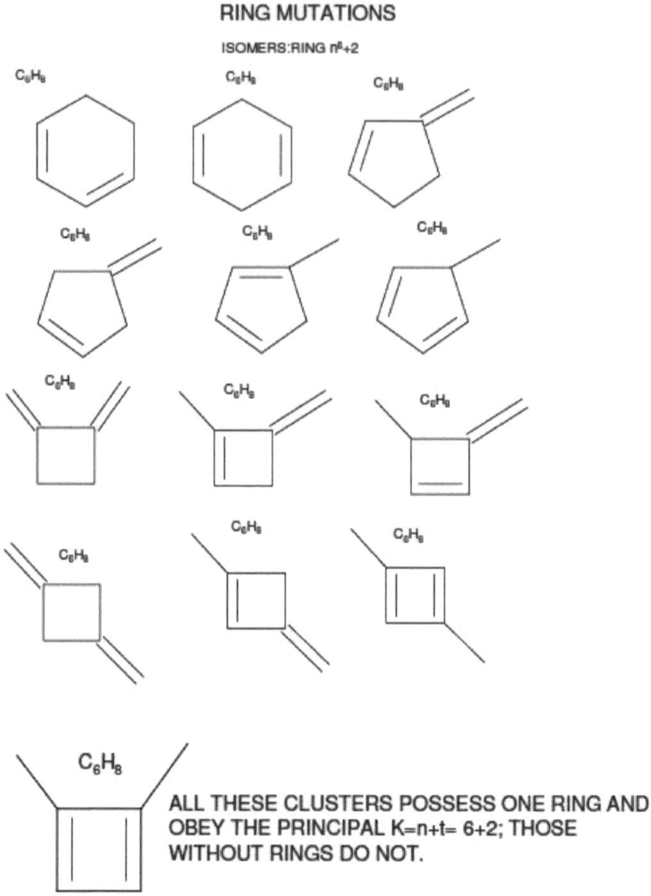

Figure - 79

TODOS ESTES AGLOMERADOS POSSUEM UM ANEL E OBEDECER AO PRINCÍPIO K=n+t= 6+2; OS QUE NÃO TÊM ANÉIS NÃO O FAZEM.

Figura - 79

MUTAÇÕES DO ANEL

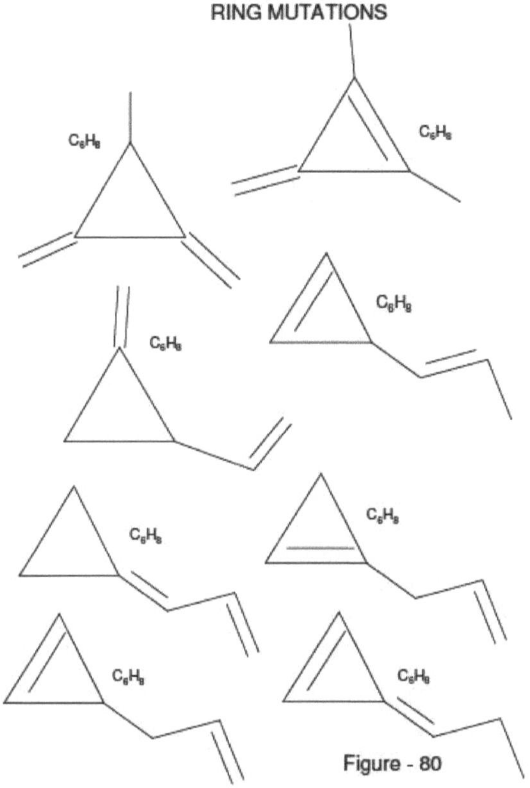

Figure - 80

TODOS ESTES AGLOMERADOS POSSUEM UM ANEL E OBEDECER AO PRINCÍPIO K=n+t= 6+2; OS QUE NÃO TÊM ANÉIS NÃO O FAZEM.

RM-10: $F=C_6H_6$

$K=6[2]+6[-0,5]=9$, $n=6$

$K(n)=9(6)$

$K=n+t$

$=6+3$(TRÊS LIGAÇÕES DUPLAS)

$=6+6-3$

$K=2n-3$

$S=4n+6$

$VE=4n+6=4[6]+6=30$

$VF=6[4]+6=30$

$VE=8n-2K=8[6]-2[9]=30$

$K^*=C^{-2}+D^{8}$

$y=-2$, $z=8$

$VE=2y+4z+2=2[-2]+4[8]+2=30$

K=9= ESCASSEZ DE 9 PARES DE ELECTRÕES.

C6H6+9[2H] =6CH4

LHS=6H+18H=24H

RHS=6[4H] =24H

MUTAÇÕES DO ANEL

ISOMERS: RING n^6+3

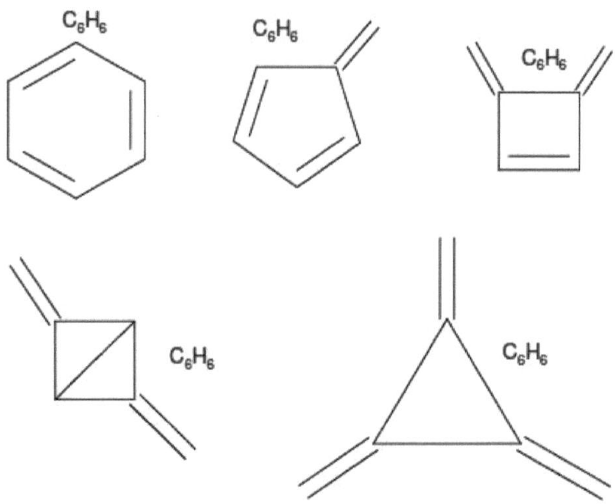

Figure - 81

DIVISÃO DE ANÉIS EM ANÉIS MAIS PEQUENOS (SEM LIGAÇÕES DUPLAS)

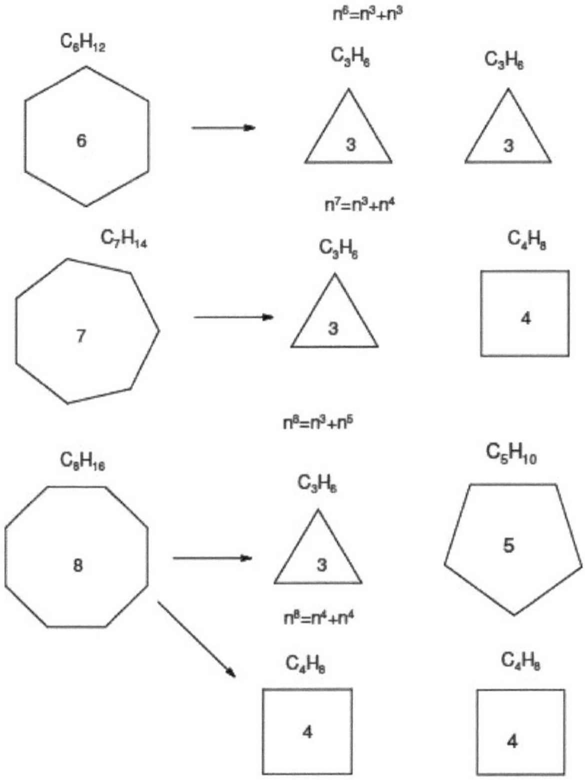

Figure - 82

MUTAÇÕES DO ANEL

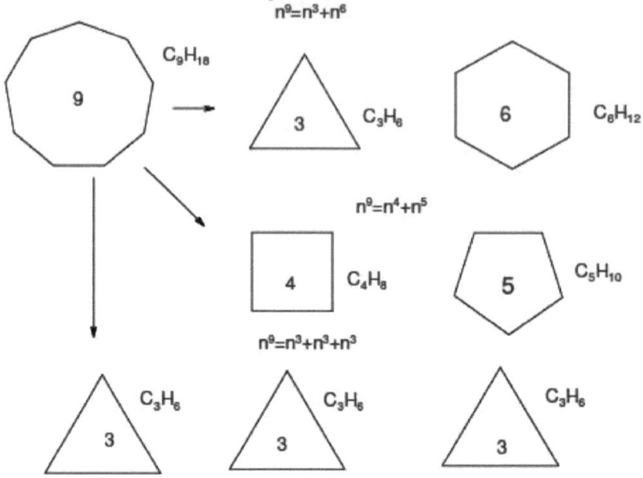

Figura - 83

RM-11: $F=C_7H_{14}$

K=2[7] +14[-0,5] =7, n=7

K(n)=7(7)

K=n+t

=7+0

=7+7-7

K=2n-7

S=4n+14

V=4n+14=4[7] +14=42

VF=7[4] +14=42

VE=8n-2K=8[7]-2[7] =42

$K^*=C^{-6}+D^{13}$

y=-6, z=13

VE=2y+4z+2=2[-6] +4[13] +2=42

MUTAÇÕES DO ANEL, t=0,l,2,3

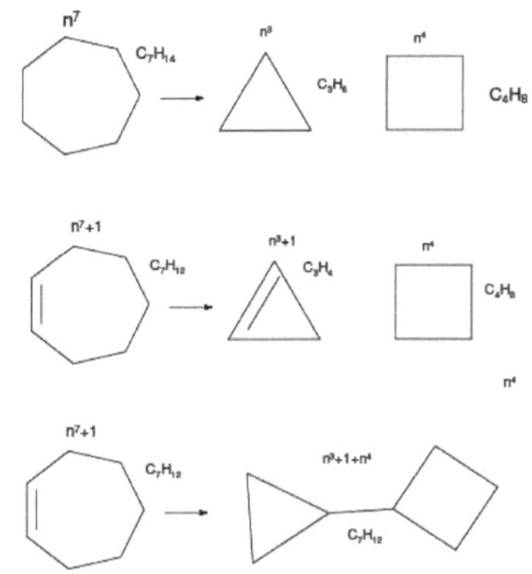

Figure - 84

RING MUTATIONS

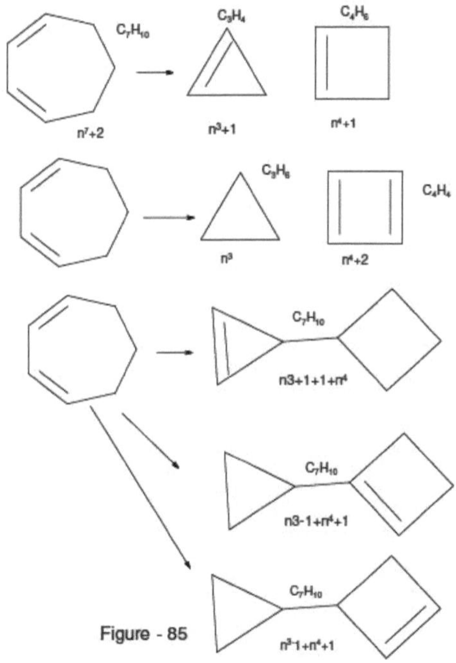

Figure - 85

GERAÇÃO DE AGLOMERADOS QUE POSSUEM
UM ANEL E OBEDECER AO PRINCÍPIO K=n+t= 7+2;
K=n+t=7+2
MUTAÇÕES DO ANEL
Figura - 86

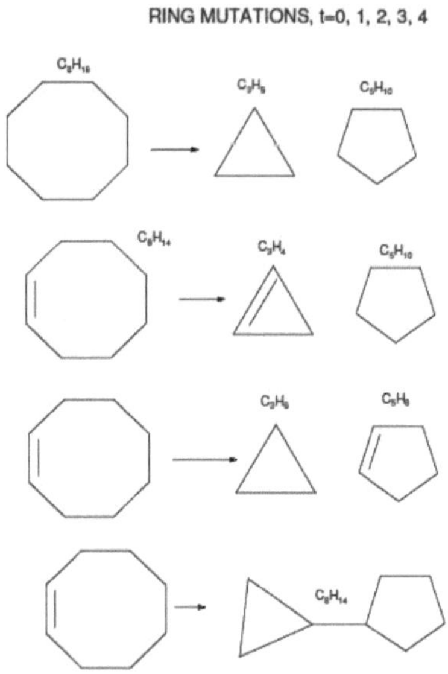

GERAÇÃO DE AGLOMERADOS QUE POSSUEM
UM ANEL E OBEDECER AO PRINCÍPIO, K=n+t= 8+1
MUTAÇÕES DO ANEL, t=0, 1, 2, 3, 4
Figura - 87
MUTAÇÕES DO ANEL

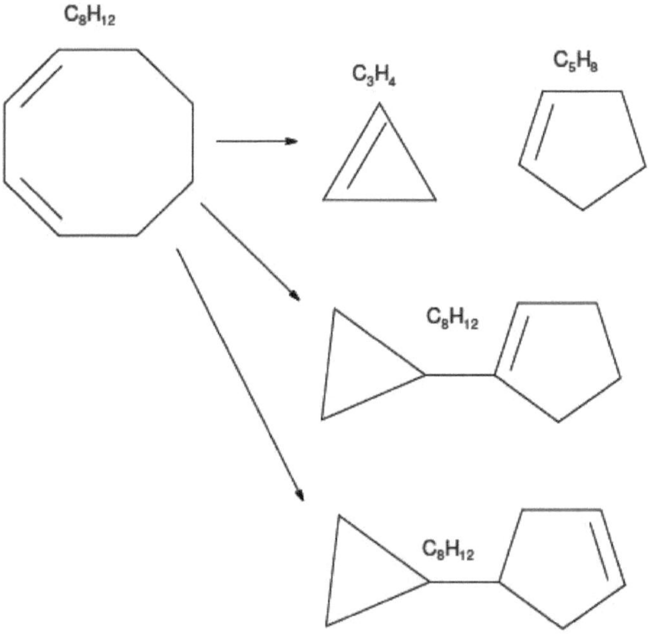

GERAÇÃO DE AGLOMERADOS QUE POSSUEM

UM ANEL E OBEDECER AO PRINCÍPIO, K=n+t= 8+2

C_8H_{12}

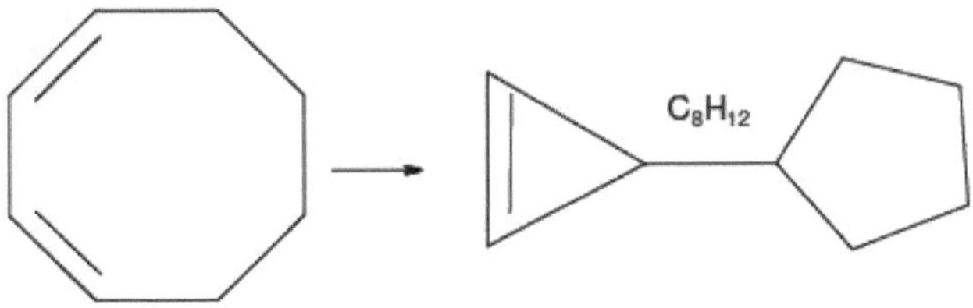

Figure - 88

C_8H_{10}

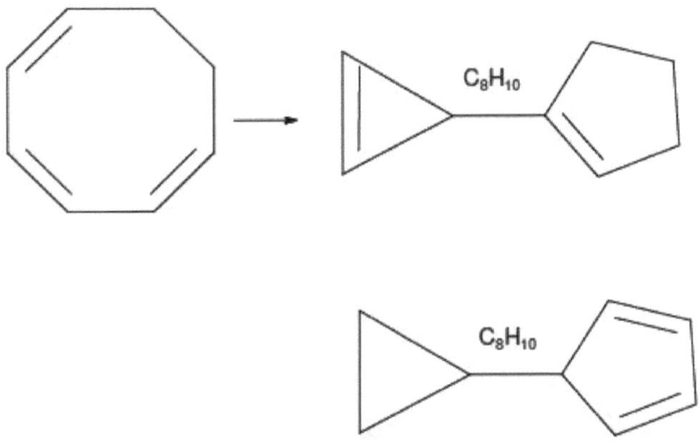

GERAÇÃO DE AGLOMERADOS QUE POSSUEM
UM ANEL E OBEDECER AO PRINCÍPIO, K=n+t= 8+3

C_8H_{10}

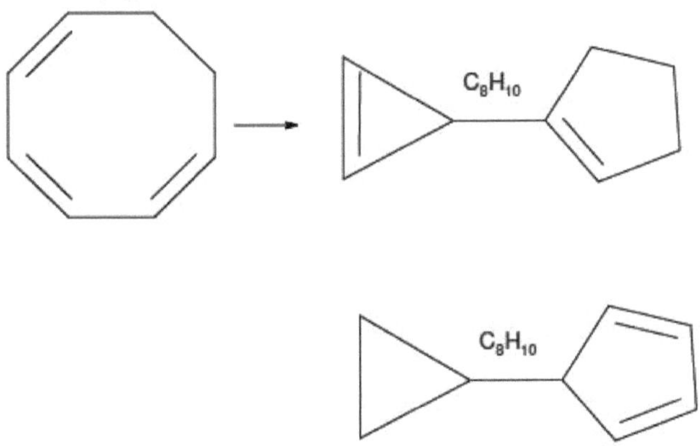

GERAÇÃO DE AGLOMERADOS QUE POSSUEM

UM ANEL E OBEDECER AO PRINCÍPIO, K=n+t= 8+3
Figura - 89

RING MUTATIONS

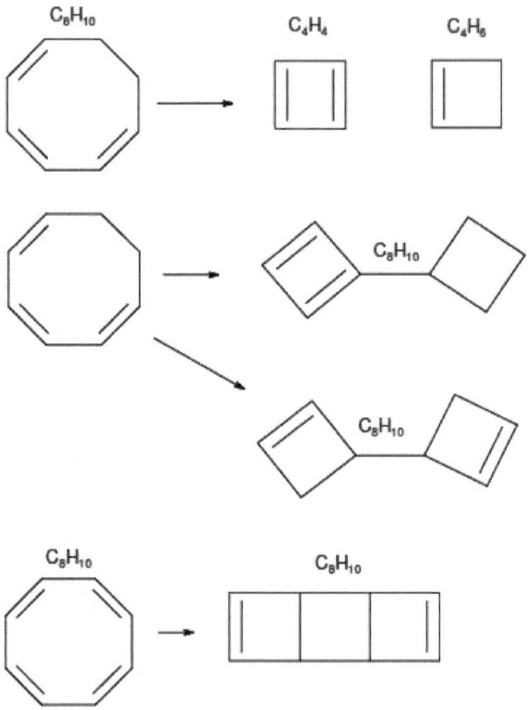

GERAÇÃO DE AGLOMERADOS QUE POSSUEM
UM ANEL E OBEDECER AO PRINCÍPIO, K=n+t= 8+3 E 8+4
Figura - 90

RING MUTATIONS

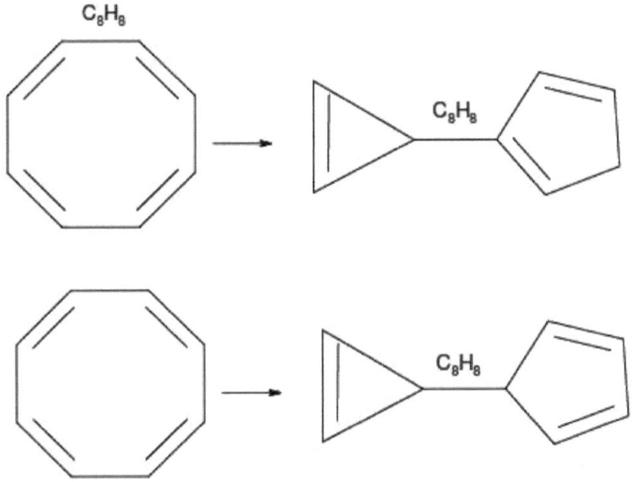

Figura - 91

RING MUTATIONS

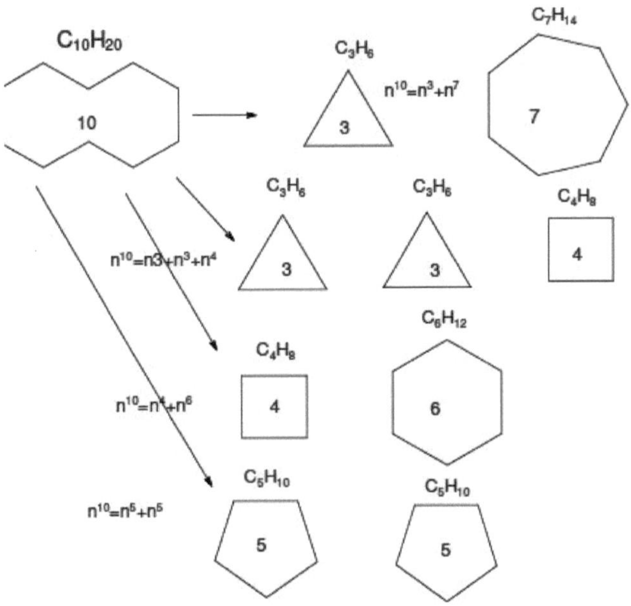

Figura - 92

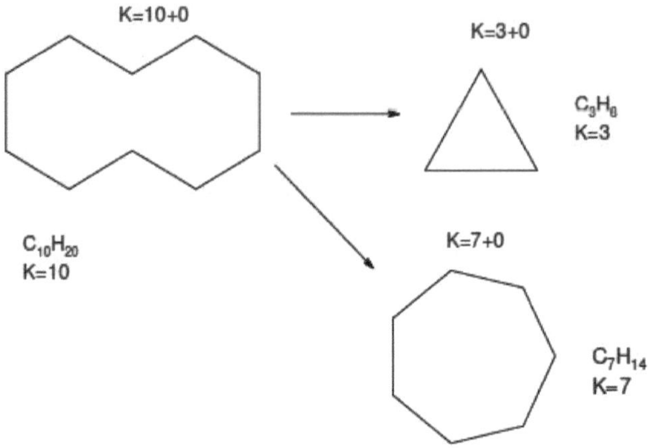

$C_{10}H_{20}= C_3H_6+C_7H_{14}$

Figure - 94

$C_{10}H_{20}=C_3H_6+ C_3H_6+C_4H_8$

n_{10} n_3 n_3 n_4

RM-12: .F=C10H20
K=10[2]+20[-0.5]=10, n=10 K(n)=10(10) K=n+t =10+0
=10+10-10
K=2n-10 S=4n+20 VE=4n+10=4[10] +20=60 VF=10[4]+20=60
VE=8n-2K=8[10]-2[10]=60 K*=C-9+D19
y=-9, z=19 VE=2y+4z+2=2[-9]+4[19]+2=60

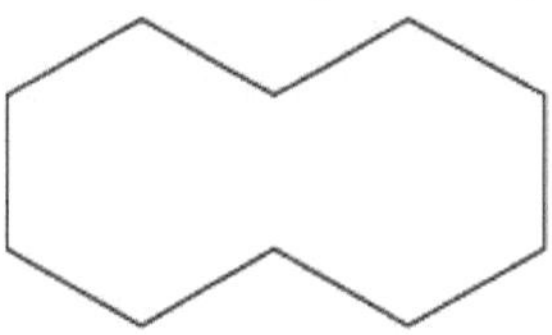

RM-13: F=C10H18
K=10[2] +18[-0.5] =11, n=10 K(n)=11(10) K=n+t =10+1
=10+10-9
K=2n-9 S=4n+18 VE=4n+18=4[10] +18=58 VF=10[4] +18=58
VE=8n-2K=8[10]-2[11] =58 K*=C-8+D18
y=-8, z=18 VE=2y+4z+2=2[-8] +4[18] +2=58

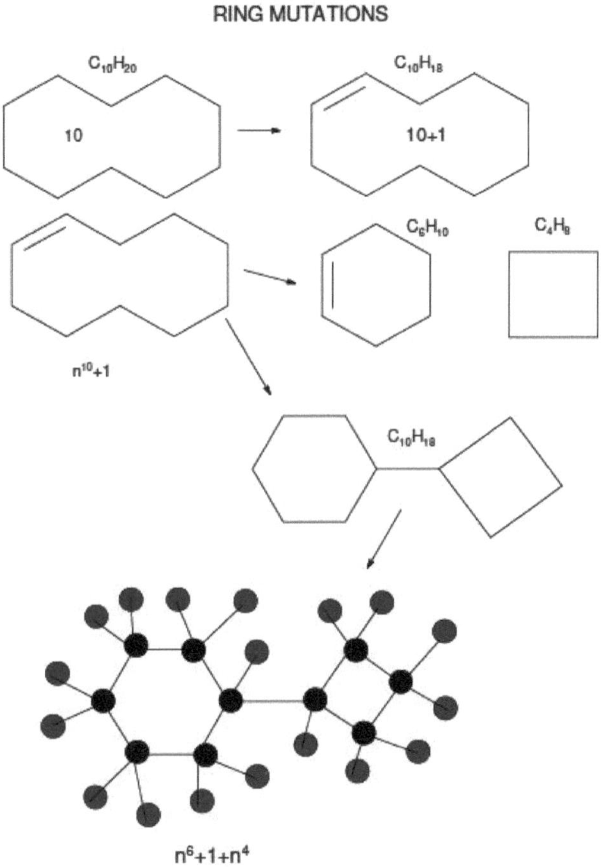

Figura - 95

RM-14: F=C10H16

K=10[2] +16[-0,5] =12, n=10 K(n)=12(10) K=n+t

=**10+2**

=10+10-8

K=2n-8 S=4n+16 VE=4n+16=4[10] +16=56 VF=10[4] +16=56

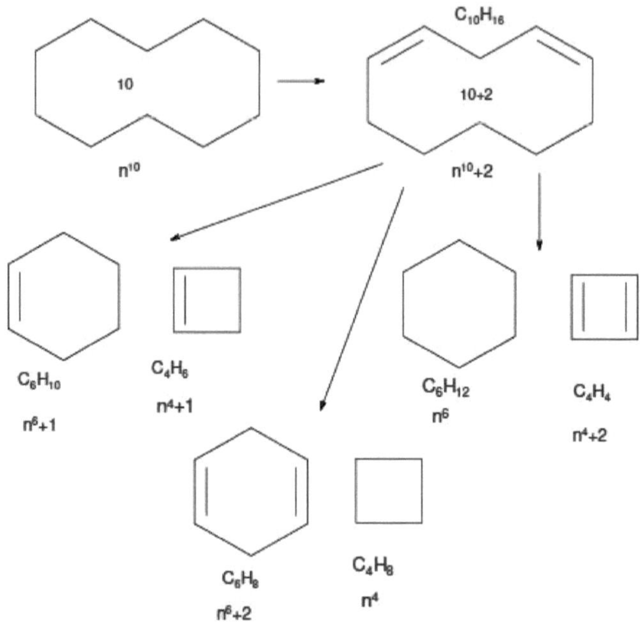

Figure - 96

RING MUTATIONS

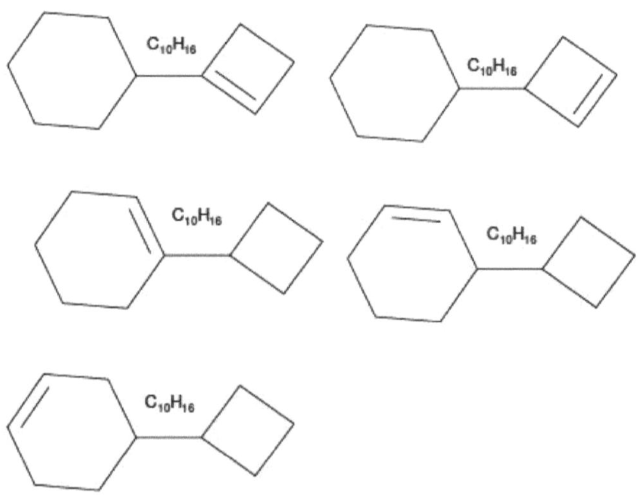

ISÓMEROS QUE OBEDECEM A ESTE PRINCÍPIO,

K=n+t=10+2

MUTAÇÕES DO ANEL

Figura - 97

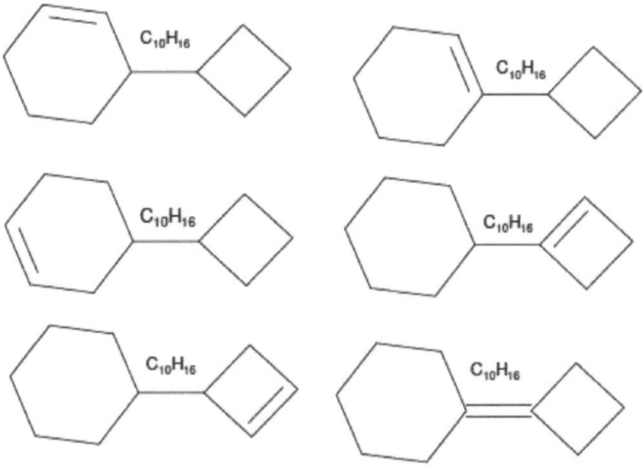

ISÓMEROS QUE OBEDECEM A ESTE PRINCÍPIO,
$K=n+t=10+2$
Figura - 98

TRANS-BICALICENO

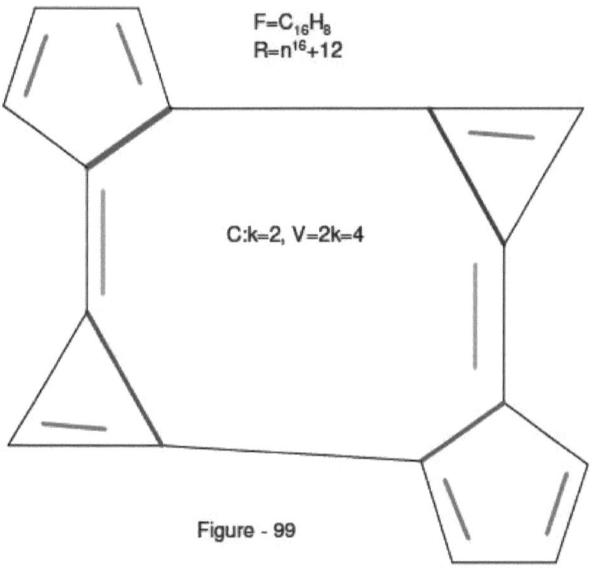

Figure - 99

ONE RING=n^{16}

K=28, t=12

$R=n^{16}+12$
$M1=n^6+2+n^6+2+n^4+3+3+2$

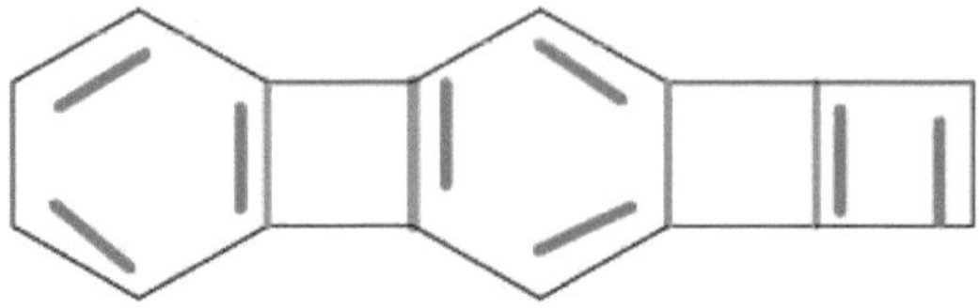

ISOMERIC STRUCTURE OF $C_{12}H_8$

Figura - 100

$R=n^{16}+12$
$M2=n^4+n^4+n^4+n^4+2+1+1+2+2+2+2$

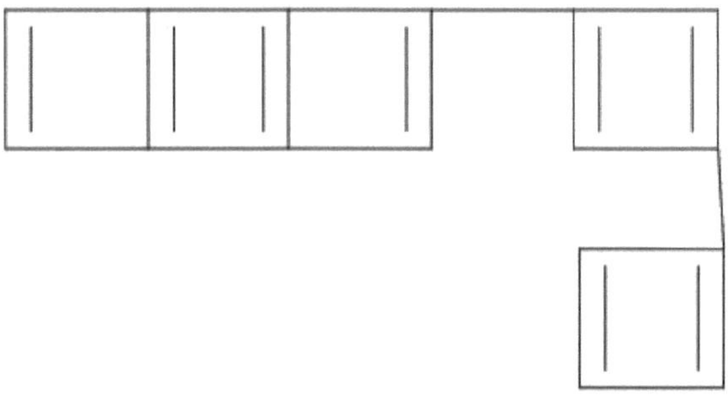

ISOMERIC STRUCTURE OF $C_{12}H_8$

Figura - 101

RM-15: F=C16H8
K=16[2] +8[-0,5] =28, n=16 K(n)=28(16) K=n+t =16+12=n16+12 =16+16-4
K=2n-4 S=4n+8 VE=4n+8=4[16] +8 =72 VF=16[4] +8=72
VE=8n-2K=8[16]-2[28] =72 K*=C-3+D19
y=-3, z=19 VE=2y+4z+2=2[-3] +4[19] +2=72

O PRINCÍPIO FUNDAMENTAL DOS AGLOMERADOS QUÍMICOS: K(n)=n + t

MUTAÇÕES DO ANEL

Se as mutações dos anéis dos clusters forem cuidadosamente analisadas, verificar-se-á que são muito ordenadas. Além disso, geram uma grande variedade de isómeros de clusters. Não é de surpreender, portanto, que descubramos que existem milhões e milhões de clusters de hidrocarbonetos e seus parentes.

Uma amostra de mutações de anel em forma simbólica para clusters de n^4 a n^{11} está resumida na Tabela 2. Um anel de cluster de n^{11} pode significar qualquer cluster com um anel de n^3 até n^{10} com extensões ou n^{11} sem extensões.

A mutação do anel baseia-se no princípio fundamental K=n+t, em que n representa o número de ligações equivalentes ou correspondentes ao número de elementos esqueléticos n e t são as ligações adicionais a inserir na estrutura do anel. Nos aglomerados à base de hidrocarbonetos, estas são normalmente as ligações duplas no interior do aglomerado, enquanto o número de aglomerado K representa o número total de ligações esqueléticas. Em aglomerados de tamanho simples a médio, o número total de ligações K pode ser facilmente contado. Muitos exemplos usados neste livro podem verificar este conceito.

TABELA 2. MUTAÇÕES DO ANEL PARA ELEMENTOS ESQUELÉTICOS n=4 a n=11						
ANEL	MUTAÇÕES DO ANEL					
n^4	n^4+0	n^4+1	n^4+2			
n^5	n^5+0	n^5+1	n^5+2			
n^6	n^6+0	n^6+1	n^6+2	n^6+3		
n^7	n^7+0	n^7+1	n^7+2	n^7+3		
n^8	n^8+0	n^8+1	n^8+2	n^8+3	n^8+4	
n^9	n^9+0	n^9+1	n^9+2	n^9+3	n^9+4	
n^{10}	$n^{10}+0$	$n^{10}+1$	$n^{10}+2$	710+3"	710+4"	$n^{10}+5$
n^{11}	n11+0	$n^{11}+1$	n11+2	$n^{11}+3$	n11+4	n11+5

UTILIZANDO A TABELA COMO GUIA PARA GERAR ISÓMEROS DE MUTAÇÃO DE ANEL

O conceito de mutação de anéis em grupos químicos é extremamente útil para nos permitir gerar isómeros. Tomando o exemplo de $R=n^4$ como ilustração, podemos gerar pelo menos alguns isómeros.

RMM-1

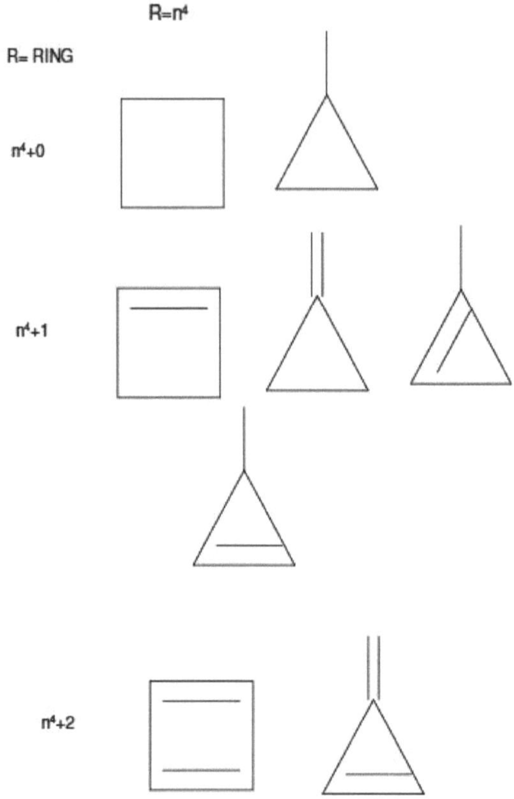

Figure - 102

RMM-2

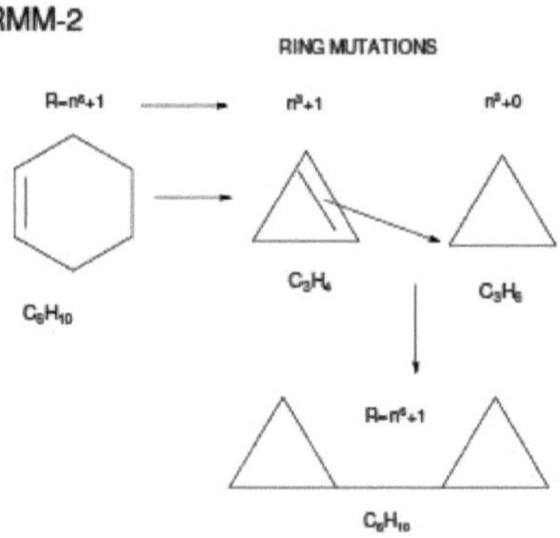

Figure - 103

RMM-3

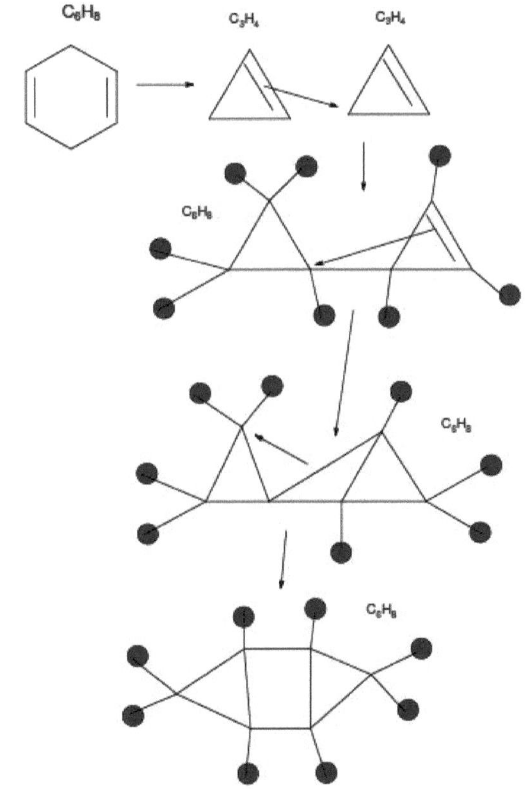

Figure - 104

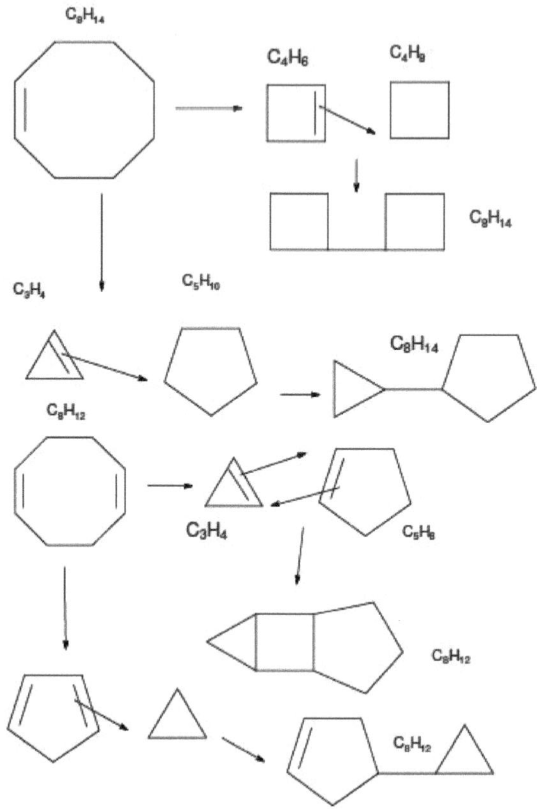

Figura - 105
RMM-4

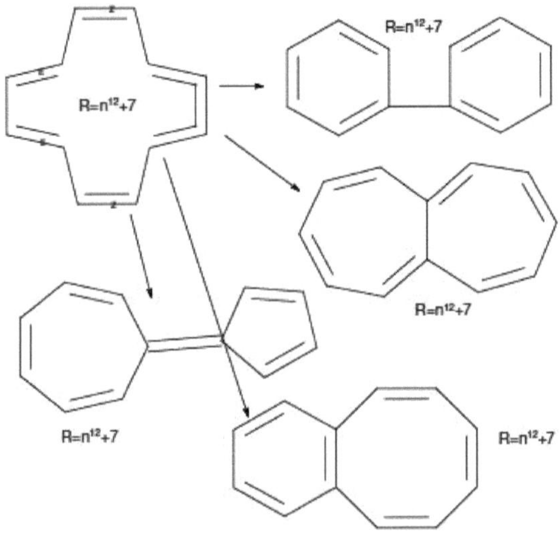

ISOMERIC STRUCTURES OF $C_{12}H_{10}$ GENERATED USING THE CONCEPT OF RING MUTATIONS

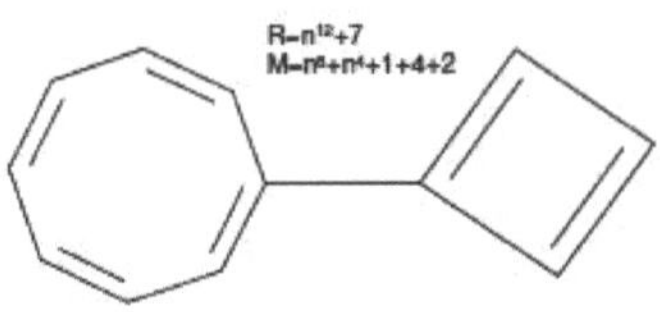

ISOMERIC STRUCTURE OF $C_{12}H_{10}$

Figura - 106

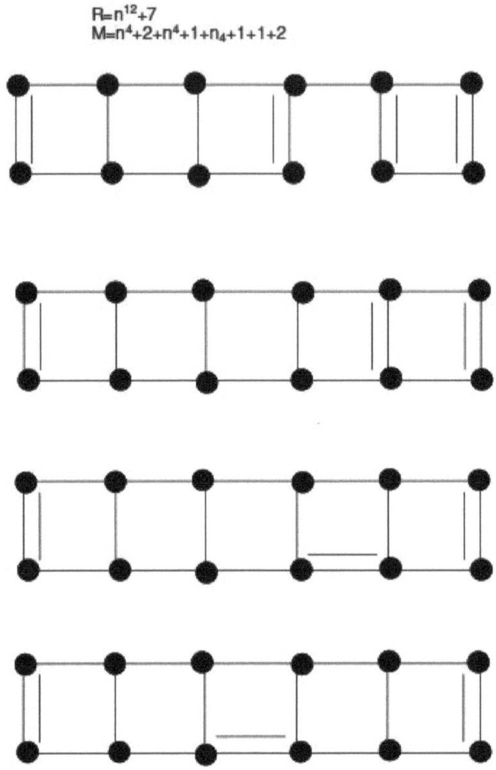

Figura - 107

RMM-5: F=B20H16

K=20[2,5]+16[-0,5]=42, n=20

K(n)=42(20)

K=n+t =20+22=n20+22 =20+20+2

K=2n+2

S=4n-4

VE=4n-4=4[20]-4=76

VF=20[3]+16=76

$R=n^{20}+22$
$=n^{10}+n^{10}+3+10+9$

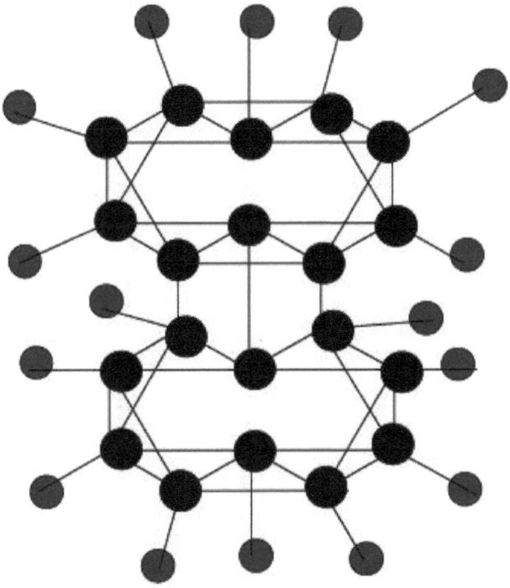

Figura - 108

$R=n^{20}+22$
$M1=n^{5}+2+n^{5}+2+n^{5}+2+n^{5}$
$+4+4+4+4$

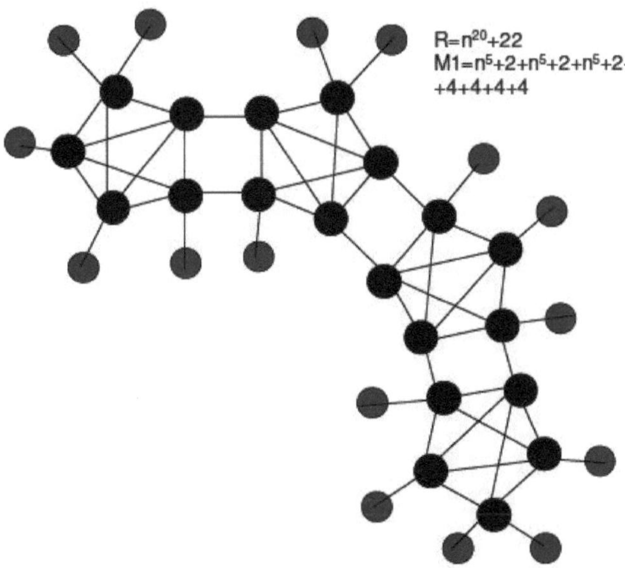

ESTRUTURA ISOMÉRICA DO B20H16
Figura - 109

RMM-6: F=B13H19
K=13[2.5]+19[-0.5] =23,n=13
K(n)=23(13)
K=n+t =13+10=n13+10 =13+13-3
K=2n-3
S=4n+6
VE=4n+6=4[13]+6=58
VF=13[3]+19=58

$R=n^{13}+10$
$M_1=n^7+n^6+1+9$
$=n^7+n^6+1+5+4$

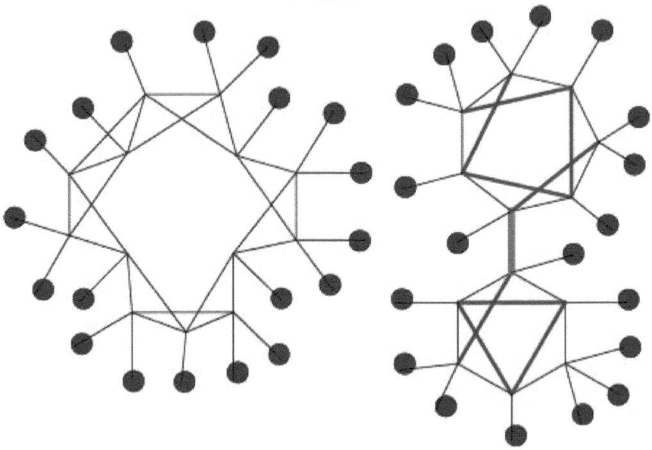

ESTRUTURAS ISOMÉRICAS DE B13H19
Figura - 110

$R=n^{13}+10$
$M_2=n^8+n^5+1+6+3$

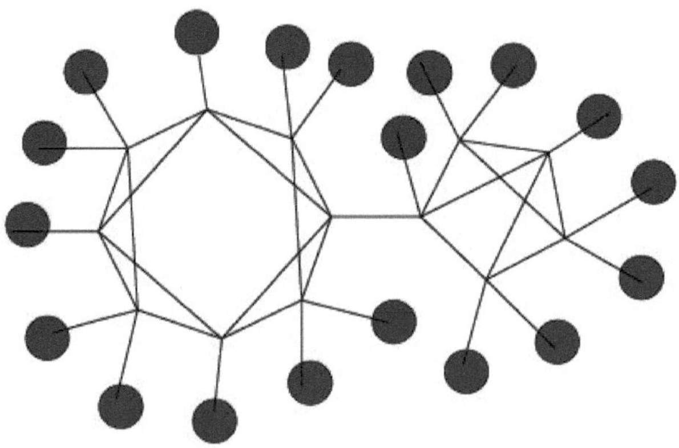

Figura - 111

$R=n^{13}+10$
$M=n^{9}+n^{4}+1+8+1$

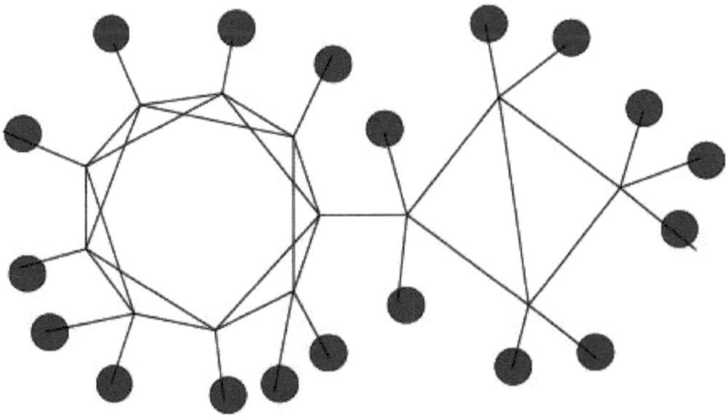

ESTRUTURA ISOMÉRICA DO B13H19

Figura - 112

$R=n^{13}+10$
$M=n^{10}+n^{3}+1+9+0$

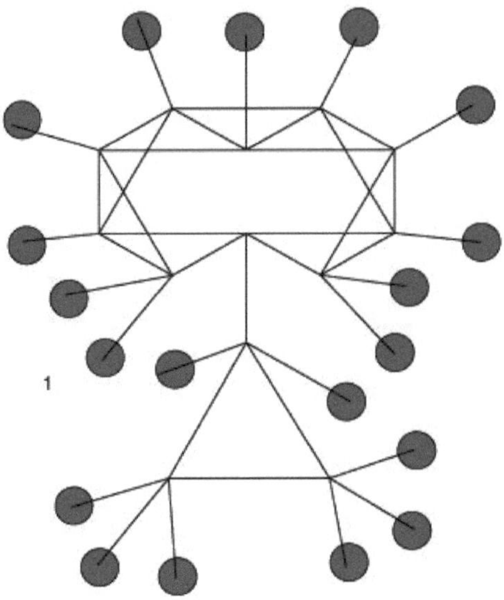

ISOMERIC STRUCTURE OF $B_{13}H_{19}$

Figura - 113

RMM-7. FULLERENE, C60

F=C60

K=60[2] =120, n=60

$K(n)=120(60)$
$K=n+t$
$=60+60$
$=60+60-0$
$K=2n-0$
$S=4n+0$
$VE=4n+0=4[60]+0=240$
$VF=60[4]=240$
$VE=8n-2K=8[60]-2[120]=240$
$K^{*}=C^{1}+D^{59}$
$y=1, z=59$
$VE=2y+4z+2=2[1]+4[59]+2=240$

A teoria dos anéis pode considerar o aglomerado de fulerenos C_{60} como uma mutação anelar de n^{60} em $12n^{5}$ anéis que se organizam de forma esférica, semelhante a uma bola de futebol. O anel completo pode ser expresso como $R = 12n^{5} + 60$. O total de ligações no C_{60} é igual a $120 = n^{60} + 60$. Como n^{5} utiliza 5 ligações, o $12n^{5}$ utilizará 60 ligações de 120. O anel n^{5} é um anel de 5 membros e, portanto, os 12 deles utilizarão 60 ligações. As restantes 60 ligações de 120 serão utilizadas para formar pontes e ligações de torta, haverá um total de 30 ligações a ligar os anéis. As restantes 30 ligações serão utilizadas para fazer ligações em torta, cada anel terá 2,5 ligações em torta. Portanto, serão 2,5 vezes 12, o que é igual a 30 ligações em forma de torta, de acordo com a teoria dos anéis. Em retrospetiva, haverá 2 ligações em forma de torta para cada anel de 5 membros com um saldo de orbital p não utilizado, esse orbital p não utilizado de um anel se ligará a outro orbital p correspondente de um anel vizinho para formar uma ligação em forma de torta. Em resumo, haverá 24 ligações do tipo "torta" dentro dos $12n^{5}$ anéis do fulereno e mais 6 ligações do tipo "torta" que ligam os anéis vizinhos, perfazendo um total de 30. Assim, a teoria dos anéis parece esclarecer o fenómeno de ligação do famoso aglomerado fulereno C_{60}. A Figura 114 apresenta um esboço deste fenómeno.

FULLERENE: $C_{60}=12n^{5}$

FULLERENE: $C_{60}=12n^5$

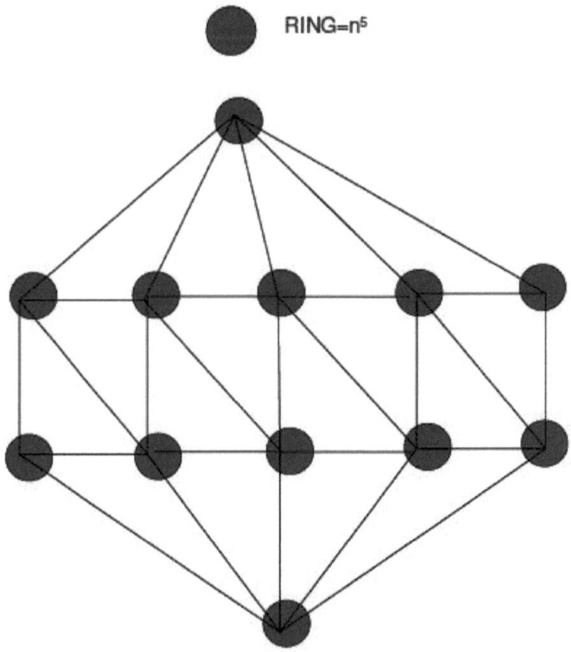

HYPOTHETICAL SKETCH OF C_{60}

Figura - 114

CONCLUSÃO

Os números esqueléticos (k) são ferramentas extremamente importantes para extrair o número de agrupamento (K) do agrupamento. O número de cluster K está relacionado com n pelo princípio K=n+t que foi explicado neste livro. Utilizando esta relação, pode ser construída uma estrutura isomérica do cluster que corresponda à fórmula do cluster. A construção é melhor efectuada quando n elementos esqueléticos estão dispostos numa formação circular, constituindo o que designamos por anel. No entanto, verificou-se que nem todos os n elementos esqueléticos têm de estar num anel. O menor número de elementos esqueléticos que podem formar um anel é 3(triângulo). O que se verificou é que, desde que exista um anel no aglomerado, o princípio K=n+t continua a ser verdadeiro.

Mesmo quando o aglomerado forma mais do que um anel, o princípio K=n+t funciona, uma vez que algumas das ligações t são utilizadas para formar pontes que ligam os anéis. O que é interessante e divertido é o facto de as ligações pi se comportarem da mesma forma que as pontes e serem permutáveis. As ligações nos aglomerados poliédricos são semelhantes às dos aglomerados não poliédricos correspondentes. A diferença está na forma como as ligações t são construídas. Na simetria poliédrica, é preferível fazer as ligações de forma triangular, ou seja, a ligação parte do elemento esquelético A e liga-se a C, saltando B para o meio, enquanto no aglomerado não poliédrico, a ligação é de A para B, que está ao lado.

Nos aglomerados de base orgânica, isto resulta normalmente na criação de ligações duplas ou pontes. A teoria dos anéis é um conceito muito útil, pois esclarece a razão pela qual existem tantos aglomerados à base de hidrocarbonetos e seus parentes.

Além disso, poderia ser uma ferramenta muito útil na síntese de química orgânica e na descoberta de medicamentos.

DECLARAÇÕES

Gostaria de agradecer à Autoridade Nacional de Planeamento por me ter proporcionado um ambiente propício para escrever este livro sobre Uma Introdução à Teoria dos Anéis de Aglomerados Químicos. Gostaria também de agradecer a Turigye Micheal pela sua ajuda na edição do meu trabalho.

REFERÊNCIAS

Aplicação de Números Esqueléticos para Categorizar Aglomerados Químicos Brochura - 19 Set. 2018 por Enos Kiremire (Autor)

- ISBN-10: 9783330028241
- ISBN-13: 978-3330028241

Uma Nova Abordagem à Teoria dos Aglomerados Químicos por Enos Kiremire
ISBN 10: 6202079010 / ISBN 13: 9786202079013
Publicado por LAP Lambert Academic Publishing Jul 2018, 2018

Funções geradoras de fórmulas de agrupamento Kiremire Enos
ISBN 10: 6139963834
ISBN 13: 9786139963836
Editora: LAP Lambert Academic Publishing, 2018

Categorização e teoria dos grafos simples de grupos dourados Por Kiremire Enos ISBN 10: 3659753254
ISBN 13:9783659753251
Editora: LAP LAMBERT Academic Publishing, 2018

Funções geradoras de fórmulas de cluster: de ósmio, ródio, rénio, paládio e ouro (Brochura). Publicado por LAP Lambert Academic Publishing, N/A (2018) ISBN 10: 6139963834 ISBN 13: 9786139963836

Ordem dos Aglomerados Químicos: Números Esqueléticos e Árvores de Aglomerados (Brochura)
Enos Kiremire
Publicado por LAP Lambert Academic Publishing, Alemanha (2019)
ISBN 10: 6139898943
ISBN 13:9786139898947

Uma teoria simples dos grafos de Zintl e Matryoshka Clusters (Brochura)
Enos Kiremire
Publicado por LAP Lambert Academic Publishing, Alemanha (2019)
ISBN 10: 6139446465
ISBN 13:9786139446469

A Teoria da Cobertura de Aglomerados Químicos: Baseada na Série 12N/14N (Paperback).
Enos Kiremire
Publicado por LAP Lambert Academic Publishing, Alemanha (2019)
ISBN 10: 6139985595
ISBN 13:9786139985593

Análise de Aglomerados de Carbonilo de Metais de Transição Utilizando Números Esqueléticos (Brochura) Enos Kiremire
Publicado por LAP Lambert Academic Publishing, N/A (2019)
ISBN 10: 6200006202
ISBN 13:9786200006202

Os elementos do grupo principal e dos metais de transição: E seus Aglomerados Obedecem ao Princípio da Série S=4n+q e seus Números Esqueléticos (Brochura). Enos Kiremire

Publicado por LAP Lambert Academic Publishing, Alemanha (2020)
ISBN 10: 620252605X
ISBN 13:9786202526050
Categorização de aglomerados de carbonilo (Brochura). Edição holandesa.
Enos Kiremire
Publicado por KS Omniscriptum Publishing, Estados Unidos (2020)
ISBN 10: 6200593647
ISBN 13:9786200593641
Uma teoria grafísica inovadora dos aglomerados de Zintl e Matryoshka (Edição holandesa)
Kiremire Enos
ISBN 10: 6200592055
ISBN 13:9786200592057
Editora: GlobeEdit, 2020
van carbonylclusters: Analyse van overgangsmetaalcarbonylclusters met behulp van skeletnummers (holandês) Brochura - 3 de abril de 2020 por Enos Kiremire (Autor)
ISBN-10: 6200593647
ISBN-13: 978-6200593641
O QUE ACONTECE COM A DUPLA AFTOPOSIÇÃO DE CLUSTERES QUÍMICOS: KLANTEN (Edição holandesa)
Kiremire Enos
ISBN 10: 6200852529
ISBN 13:9786200852526
Editora: Sciencia Scripts, 2020
DE GEHEIME CODE: VOOR DE VORMING VAN OVERGANGSMETAALCARBONYLEN EN HUN VERWANTEN BLOOTGESTELD (holandês) Brochura - 15 Fev. 2021 por Enos Kiremire (Autor)
ISBN-10: 6203330647
ISBN-13: 978-6203330649
LA PRUEBA DEL DOBLE TAPADO DE LOS GRUPOS QUÍMICOS: CLUSTERS (Espanhol) Brochura - 6 abril 2020 por Enos Kiremire (Autor)
ISBN-10: 6200852308
ISBN-13: 978-6200852304
Editora: Sciencia Scripts, 2020
Categorización de las agrupaciones de carbonilo: Analizando grupos de transición de metal carbonilo usando números esqueléticos (Espanhol) Brochura - 19 Mar. 2020 por Enos Kiremire (Autor)
ISBN-10: 6200382840
ISBN-13: 978-6200382849
Prosta teoria graficzna klastrów Zintl i Matryoshka (Edição polaca) Kiremire Enos

ISBN 10: 6200547270
ISBN 13:9786200547279
Editora: Wydawnictwo Bezkresy Wiedzy, 2020
Categorias de produtos para a indústria automóvel: Analiza metalowych klastrów karbonylowych z wykorzystaniem numerów szkieletowych (Edição polaca)
Kiremire Enos
ISBN 10: 6200547920
ISBN 13:9786200547927
Editora: Wydawnictwo Bezkresy Wiedzy, 2020
DOWÓD NA PODWÓJNE OGRANICZENIE KLASTRÓW CHEMICZNYCH: CLUSTERS (Polaco) Brochura - 6 abril 2020 por Enos Kiremire (Autor)
ISBN-10: 6200852537
ISBN-13: 978-6200852533
TAJNY KOD: DO TWORZENIA KARBONYLI METALI PRZEJSCIOWYCH I ICH POCHODNYCH NARAZONYCH (Polaco) Brochura - 15 Fev. 2021 por Enos Kiremire (Autor)
ISBN-10 : 6203330655
ISBN-13 : 978-6203330656
KONCEPCJA CHEMICZNEGO J^DRA KLASTRA (polaco) Brochura - 9 de setembro de 2020
por Prof. Enos Kiremire (Autor)
ISBN-10: 6200986819
ISBN-13: 978-6200986818
ZNEGO J^DRA KLASTRA (Polaco) Brochura - 9 Set. 2020 por Prof. Enos Kiremire (Autor)
ISBN-10: 6200986819
ISBN-13: 978-6200986818
IL CONCETTO DI NUCLEO DI UN AMMASSO CHIMICO (italiano) Brochura - 9 de setembro de 2020 por Prof. Enos Kiremire (Autor)
ISBN-10: 6200986797
ISBN-13: 978-6200986795
LA PROVA DELLA DOPPIA COPERTURA DEI CLUSTER CHIMICI: CLUSTERS (italiano) Brochura - 6 de abril de 2020 por Enos Kiremire (Autor)
ISBN-10: 6200852464
ISBN-13: 978-6200852465
Una semplice teoria dei grafici dei cluster Zintl e Matryoshka (italiano) Brochura - 2 Mar. 2020 por Enos Kiremire (Autor)
ISBN-10: 6200558604
ISBN-13: 978-6200558602
Categorizzazione dei cluster di carbonile: Analisi dei gruppi carbonilici metallici di transizione utilizzando i numeri scheletrici (Italiano) Brochura - 19 Mar. 2020 por Enos Kiremire (Autor)

ISBN-10: 6200559805
ISBN-13: 978-6200559807
IL CODICE SEGRETO (Italiano) Brochura - 15 Fev. 2021 por Enos Kiremire (Autor)
ISBN-10: 6203330639
ISBN-13: 978-6203330632
BORANOS E A VALÊNCIA ESQUELÉTICA DE CINCO
Kiremire Enos
ISBN 10: 6200787743
ISBN 13:9786200787743
Editora: LAP LAMBERT Academic Publishing, 2020
A PROVA DA DUPLA COBERTURA DOS AGLOMERADOS QUÍMICOS: AGLOMERADOS
Kiremire Enos
ISBN 10: 6202517484
ISBN 13:9786202517485
Editora: LAP LAMBERT Academic Publishing, 2020
NÚMEROS ESQUELÉTICOS E LIGAÇÕES NA SIMETRIA DE AGRUPAMENTO
Kiremire Enos Masheija Ruantale
ISBN 10: 6203197637
ISBN 13:9786203197631
Editora: LAP LAMBERT Academic Publishing, 2020
O CONCEITO DE UM NÚCLEO DE AGREGADOS QUÍMICOS (Português) Brochura - 9 Set. 2020 por Prof. Enos Kiremire (Autor)
ISBN-10: 6200986827
ISBN-13: 978-6200986825
A PROVA DO DUPLO NIVELAMENTO DOS AGLOMERADOS QUÍMICOS: CLUSTERS (Português) Brochura - 6 abril 2020 por Enos Kiremire (Autor)
ISBN-10: 6200852553
ISBN-13: 978-6200852557
Categorização dos Clusters de Carbono: Análise de Clusters de Carbonilo de Transição de Metal Usando Números Esqueletais (Português) Brochura - 19 Mar. 2020 por Enos Kiremire (Autor)
ISBN-10: 6200581312
ISBN-13: 978-6200581310
O CÓDIGO SECRETO: PARA A FORMAÇÃO DE CARBONILOS METÁLICOS DE TRANSIÇÃO E SEUS PARENTES EXPOSTOS (Português) Brochura - 15 Fev. 2021 por Enos Kiremire (Autor)
Publicado por GlobeEdit, Estados Unidos, 2020
ISBN-10 : 6203330663
ISBN-13 : 978-6203330663
CATEGORIZAÇÃO DE HIDROCARBONETOS E FUNÇÃO GERADORA INTRÍNSECA: DE CLUSTERES QUÍMICOS Brochura - 28 Out. 2020 por

Prof. Enos Kiremire (Autor) ISBN 10: 6203025658 ISBN 13:9786203025651
Editora: LAP LAMBERT Academic Publishing, 2020
Uma teoria simples das garras de Zintl e Matryoshka (Edição francesa) Kiremire Enos
Publicado por Éditions universitaires européennes (2020)
ISBN 10: 613955456X
ISBN 13: 9786139554560
LE CODE SECRET: POUR LA FORMATION DE CARBONYLES DE MÉTAUX DE TRANSITION ET LEURS APPARENTÉS EXPOSÉS (French Edition) Kiremire Enos
ISBN 10: 6203330620
ISBN 13:9786203330625
Editora: Edições Notre Savoir, 2021
A PROVA DO DUPLO PLANEAMENTO DOS AGLOMERADOS CHIMIQUES: CLUSTERS (Edição francesa)
Kiremire Enos
ISBN 10: 6200852405
ISBN 13: 9786200852403
Editora: Sciencia Scripts, 2020
LE CONCEPT DE NOYAU DE GRAPPE CHIMIQUE (francês) Brochura - 9 de setembro de 2020 por Prof. Enos Kiremire (Autor)
Catégorisation des groupes de carbonyles: Analyse des grappes de carbonyles de métaux de transition à l'aide de nombres squelettiques (francês) Brochura - 19 Mar. 2020 por Enos Kiremire (Autor)
ISBN-10: 6139556287
ISBN-13: 978-6139556281
Une théorie simple des grappes de Zintl et Matryoshka (Francês) Brochura - 28 Fev. 2020 por Enos Kiremire (Autor)
ISBN-10: 613955456X
ISBN-13: 978-6139554560
LE CODE SECRET: POUR LA FORMATION DE CARBONYLES DE MÉTAUX DE TRANSITION ET LEURS APPARENTÉS EXPOSÉS (Francês) Brochura - 15 Fev. 2021 por Enos Kiremire (Autor)
ISBN 10: 6203330620
ISBN 13:9786203330625
Editora: Edições Notre Savoir, 2021
DER GEHEIMCODE: ZUR BILDUNG VON
CARBONILENOS METÁLICOS E SEUS DERIVADOS
AUSGESETZT (Alemão) Brochura - 15 Fev. 2021 por Enos Kiremire (Autor)
ISBN-10 : 6203330604
ISBN-13 : 978-6203330601
A TOPOLOGIA NATURAL DOS CLUSTERS QUÍMICOS: BASEADA EM VALORES ESQUELÉTICOS E TRIÂNGULOS Brochura - 13 Jan. 2021

por Prof. Enos Kiremire (Autor)
ISBN-10: 6203201723
ISBN-13: 978-6203201727
A ARTE DA DISTRIBUIÇÃO DE CARGAS E LIGANDOS: EM ZINTL ION E OUTROS CLUSTERS Brochura - 26 Fev. 2021 por Prof. Enos Kiremire (Autor)
ISBN-10: 6203464058
ISBN-13: 978-6203464054
A Nova teoria dos clusters como companheira vital para o cristal de raios X refinado: análise estrutural de clusters químicos Brochura - 11 Fev. 2021 por Enos Kiremire (Autor)
ISBN-10: 620340991X
ISBN-13: 978-6203409918
O CONCEITO DE UM NÚCLEO DE CLUSTER QUÍMICO: O CONCEITO DE UM NÚCLEO DE CLUSTER QUÍMICO Kiremire, Prof. Enos ISBN 10: 6202556528 ISBN 13:9786202556521
Editora: LAP LAMBERT Academic Publishing, 2020
Os elementos do grupo principal e dos metais de transição: e os seus aglomerados obedecem ao princípio da série S=4n+q e aos seus números esqueléticos Brochura - 17 de abril de 2020 por Enos Kiremire (Autor)
ISBN-10: 620252605X
ISBN-13: 978-6202526050
A PROVA DA CAPTAÇÃO DUPLA DE CLUSTERS QUÍMICOS: CLUSTERS Brochura - 26 Mar. 2020 por Enos Kiremire (Autor)
ISBN-10: 6202517484
ISBN-13: 978-6202517485
NÚMEROS ESQUELÉTICOS E LIGAÇÕES NA SIMETRIA DE CLUSTERES Brochura - 22 Dez. 2020 por Enos Masheija Rwantale Kiremire (Autor)
ISBN-10: 6203197637
ISBN-13: 978-6203197631
A TOPOLOGIA NATURAL DOS CLUSTERS QUÍMICOS: BASEADA EM VALORES ESQUELÉTICOS E TRIÂNGULOS Brochura - 13 Jan. 2021 por Prof. Enos Kiremire (Autor)
ISBN-10: 6203201723
ISBN-13: 978-6203201727
A VALÊNCIA ESQUELÉTICA E O PARÂMETRO K(N)
ISBN-13: 978-620-3-58032-7
ISBN-10: 6203580325
EAN: 9786203580327
CATEGORIZAÇÃO E IDENTIFICAÇÃO DE CENTROS CATALÍTICOS METÁLICOS 27-04-2021
Autor: Enos Kiremire
ISBN-13: 978-620-3-85517-3

ISBN-10: 6203855170
EAN:9786203855173
KLASSIFIKACIYa I IDENTIFIKACIYa METALLIChESKIH
CENTRO DE ESQUIZOFRENIA CATALÍTICA
Enos Kiremire
Publicado por Sciencia Scripts
ISBN 10: 6204226878
ISBN 13:9786204226873
CATEGORIZZAZIONE E IDENTIFICAZIONE DEI CENTRI CATALITICI
METÁLICO
Enos Kiremire
Publicado por Edizioni Sapienza, 2021
ISBN 10: 6204226762
ISBN 13:9786204226767
CLASSIFICAÇÃO E IDENTIFICAÇÃO DOS CENTROS
CATALISADORES METÁLICOS
Enos Kiremire
Publicado por Editions Notre Savoir, 2021
ISBN 10: 6204226754
ISBN 13:9786204226750
CATEGORIZAÇÃO E IDENTIFICAÇÃO DE METAIS
ZENTREN KATALYTISCHEN
Enos Kiremire
Publicado por Verlag Unser Wissen, 2021
ISBN 10: 6204226738
ISBN 13:9786204226736
CATEGORIZAÇÃO E IDENTIFICAÇÃO DE CENTROS CATALÍTICOS
METÁLICOS
Enos Kiremire
Publicado por Edições Nosso Conhecimento, 2021
ISBN 10: 6204226835
ISBN 13:9786204226835
A TOPOLOGIA NATURAL DOS AGLOMERADOS QUÍMICOS: COM
BASE
SOBRE AS VALÊNCIAS E OS TRIÂNGULOS DO GUINCHO
Enos Kiremire
Publicado por Editions Notre Savoir, 2021
ISBN 10: 6203965871
ISBN 13:9786203965872
A TOPOLOGIA NATURAL DOS AGLOMERADOS QUÍMICOS: COM
BASE EM VALÊNCIAS ESQUELÉTICAS E TRIÂNGULOS
Enos Kiremire
Publicado por Edições Nosso Conhecimento, 2021
ISBN 10: 6203965898
ISBN 13:9786203965896

A TOPOLOGIA NATURAL DAS AMÁLGAMAS QUÍMICAS: COM BASE EM
VALENZE SCHELETRICHE E TRIANGOLI
Enos Kiremire
Publicado por Edizioni Sapienza, 2021
ISBN 10: 620396588X
ISBN 13:9786203965889

A TOPOLOGIA NATURAL DOS AGLOMERADOS QUÍMICOS:
COM BASE EM SKELETTVALENZ E DREIECKEN
Enos Kiremire
Publicado por Verlag Unser Wissen, 2021
ISBN 10: 6203965855
ISBN 13:9786203965858

MIX
Papier aus verantwortungsvollen Quellen
Paper from responsible sources
FSC® C105338

Printed by Books on Demand GmbH, Norderstedt / Germany